JN016535

○×（マルバツ）写真でわかる
おいしい野菜の生育と診断

高橋広樹
Hiroki Takahashi

農文協

はじめに

私は、茨城県つくば市にある農産物直売所「みずほの村市場」で、長年、野菜の品質向上の仕事をしてきました。その手法は、野菜の中に含まれる硝酸（しょうさん）濃度を減らすことで味や栄養価を高める技術です。糖度計や硝酸・カリウムイオンメーターなどを用い、話のできない植物の声を聴く方法です。これを植物対話農法と呼んでいます。アドバイザーを務めていただいていた土微研（土壌微生物管理技術研究所）の故片山悦郎先生より生育診断技術を伝授されました。機器による分析値だけでなく、葉色はもちろん、花びらの数、花の向き、葉の縁、葉序など、見るべきポイントはたくさんあります。実際に農家の圃場を見て歩き、自らも栽培をしながら、数値と外観、出来ている農産物の品質を照らし合わせて、野菜を見る目を養いました。

本書は、『現代農業』に連載した「野菜を見る、測る、対話する」（全23回、２０１７年7月号～２０１９年12月号）をもとに、硝酸の少ない、おいしい野菜＝〝本物の野菜〟を栽培するための生育診断の基本や栽培のコツをまとめたものです。取り上げた野菜は27品目ですが、生育診断の基本がわかれば、その他の野菜にも十分応用できます。また、イオンメーターを買うことまでは「ちょっと無理」という方も、外観による診断で対応できます。本当に上手なベテランになると、いちいち測定しなくても、的確な診断を観察（観て察する）によって成し得ています。本書がその一助になれば幸いです。

農家にとっては、診断だけでなく、診断後の対策も重要になります。対症療法的な葉面散布のやり方はもちろん、根本的な土づくり、育苗など、品目ごとに紹介しています。

また、生育に大きな影響を及ぼす農事気象についても巻末の付録に掲載しました。農事気象予測の理論を築いた福島県の民間気象研究家、故斎藤善三郎先生の理論に基づき、新暦と旧暦・月の周期・太陽活動・五運六気などを参照しながら、その年の気象傾向、さらに作物生育を予測し、栽培に生かします。特に太陽活動の作物への影響は顕著で、全国的な作物の豊凶や品質に影響しています。

最後に、野菜の見方をご教授いただいた故片山悦郎先生と各地の篤農家の方々、データ収集や画像撮影にご協力いただいた農家の方々、野菜の成分分析に日々ご協力いただいている「みずほの村市場」の方々に感謝するとともに、連載から出版までご尽力いただいた農文協の方々に心よりお礼申し上げます。

２０２１年3月

高橋広樹

目次

はじめに　1

生育診断で低硝酸のおいしい野菜づくり

〝本物の野菜〟は姿も育ち方も違う……6
おいしくて栄養価が高い野菜は低硝酸　6
低硝酸の野菜は病害虫にも強い　6
硝酸とともに影響の大きいカリ　7
硝酸過剰の原因は施肥過剰か根の数不足　8
細根を確保し、追肥主体の少チッソ栽培　9
「観察」と月1回の「生体分析」で〝本物の野菜〟に　9
硝酸過剰が判明したときの対策　10
診断のポイントと三種の神器……11
観察による生育診断――まずは花と葉を見る　11
道具を使った生育診断（生体分析）
――診断に使うのは3種類　12
診断結果の読み方、生かし方　15
コラム●知らなきゃ損する　道具のメンテナンス　16

野菜27品目　診断と対策の実際

果菜
ナス……18
ピーマン、パプリカ……22
トマト……26
コラム●生育診断と植物ホルモン　32
キュウリ……34
カボチャ、ズッキーニ……38
スイカ……42
メロン……46
スナップエンドウ、キヌサヤ、インゲン……50

イチゴ ……… 54
トウモロコシ ……… 58

葉茎菜

ブロッコリー ……… 62
ホウレンソウ、コマツナ ……… 66
キャベツ ……… 70
ハクサイ ……… 74
レタス ……… 78
ネギ ……… 82
アスパラガス ……… 86

根菜

ダイコン、ニンジン ……… 90
ゴボウ ……… 94
サツマイモ ……… 98
サトイモ ……… 102
コラム●おいしい野菜を育てる「土づくり」のポイント 106

生育診断とともに実践したい栽培のワザ

根の数を増やす「低温発芽」 ……… 108
高温では悪いタネも芽を出す 108
根っこ優先の低温発芽 108
低温発芽のやり方 109
よい発芽かどうかの診断 112
コラム●かん水の温度で根が変わる 113
葉の色や形を見て追肥する ……… 114
チッソをやりたい葉っぱだが…… 114
チッソ追肥のタイミング 115
アスパラガスは側枝を噛めばわかる 115
カリ欠乏は葉の縁から黄化 116
ミネラルは毛細根が吸う 117
根が傷むと追肥が効かない 117
台風・豪雨後の硝酸過剰対策 ……… 118
葉や茎からミネラルが流亡 118
マツタケとリーチング（塩類溶脱）の関係 118
気圧が下がると水を吸う 118
カリの補給とチッソの消化でピーマン復活 119
夜の高温対策に夕方かん水 120

【付録】月・太陽と作物の生育の関係

月のリズムと生育診断……121
植物の生長と月のリズム　121
月のリズムを栽培に生かす　122
太陽活動と作物生理……124
植物の生長と太陽黒点　124
自然の法則に学ぶ　126
参考文献　127

生育診断で低硝酸のおいしい野菜づくり

“本物の野菜”は姿も育ち方も違う

おいしくて栄養価が高い野菜は低硝酸

皆さんは、野菜の栄養価が昔と比べると低下していると聞いたことがありますか？『日本食品標準成分表』（文部科学省）で調べると、現在の野菜は多くの品目で１９５０～60年代よりも栄養価が低下しており、その原因は大きく二つあると考えられます。

一つは野菜を旬の時期以外にも栽培するようになったことです。例えばホウレンソウのビタミンCは、２０１５年でも旬の冬場なら60㎎（１００g当たり）ありますが、夏場は20㎎と3分の1しかありません。品種も見た目のよさや、旬を問わずにつくりやすいことに重点が置かれて改良されています。

二つ目の理由は、堆肥や有機物、肥料のやりすぎです。特にチッソ肥料をやりすぎると、野菜の硝酸イオン（チッソ）が増え、光合成でできた炭水化物とくっついてタンパク質となり、体は大きくなるけれど、栄養価や糖度は低くなってしまいます。

農産物直売所「みずほの村市場」生産研究部では、２０１２年より出荷前の農産物の品質検査として約７０００点の野菜や果物の硝酸イオン、カリウムイオン、糖度、ビタミンCなどを測定してきました。そこでは、多くの野菜で硝酸イオン濃度が高いほど糖度やビタミンCが低い傾向がありました。

品質検査にご協力いただいている大瀧直子先生（日本食品分析センター）により、「みずほの村市場」のブロッコリーの検査に基づき学術論文が発表されています（「ブロッコリー基部の硝酸および糖濃度による可食部栄養成分量の推定」『日本食品科学工学会誌』に掲載）。この論文では、可食部のビタミンC、カリウムイオン、葉酸の濃度は、可食部および基部（非可食部）の硝酸イオン濃度と負の相関関係にあり、硝酸イオン濃度が低いほどビタミンCなどの値は高くなることが示されました。

低硝酸の野菜は病害虫にも強い

また、低硝酸で育成すると病害虫にも強いことがわかりました。農薬の使用量も大きく減りました。

多くの作物は好硝酸性作物で、硝酸態チッソを最も好んで吸収します。吸収された硝酸は亜硝酸、さらにアンモニアに還元されます。このアンモニアが光合成でできた糖（炭水化物）と同化しアミノ酸が生成されます。チッソ施肥が過剰だと余分な硝酸は細胞内の液胞に貯留されます。植物にとってアンモニアのような細胞毒性を持たない硝酸は高濃度で細胞内に貯留可能ですが、硝酸が多いと遊離アミノ酸が増え、それをエサとする虫がつきやすくなります。硝酸が少ない環境で育つ好

『日本食品標準成分表』に見る野菜のビタミンC含有量の変遷（単位：mg/100g）

年	インゲン	コマツナ	トマト	ホウレンソウ	ピーマン
1954	20	90	20	100	200
1963	20	90	20	100	100
1980	9	75	20	65	80
2004	8	39	15	35	76
2020	8	39	15	35	76

3年前のピーマン。低硝酸だと腐らずカビも生えず枯れるだけ

ホウレンソウの硝酸と糖度の関係

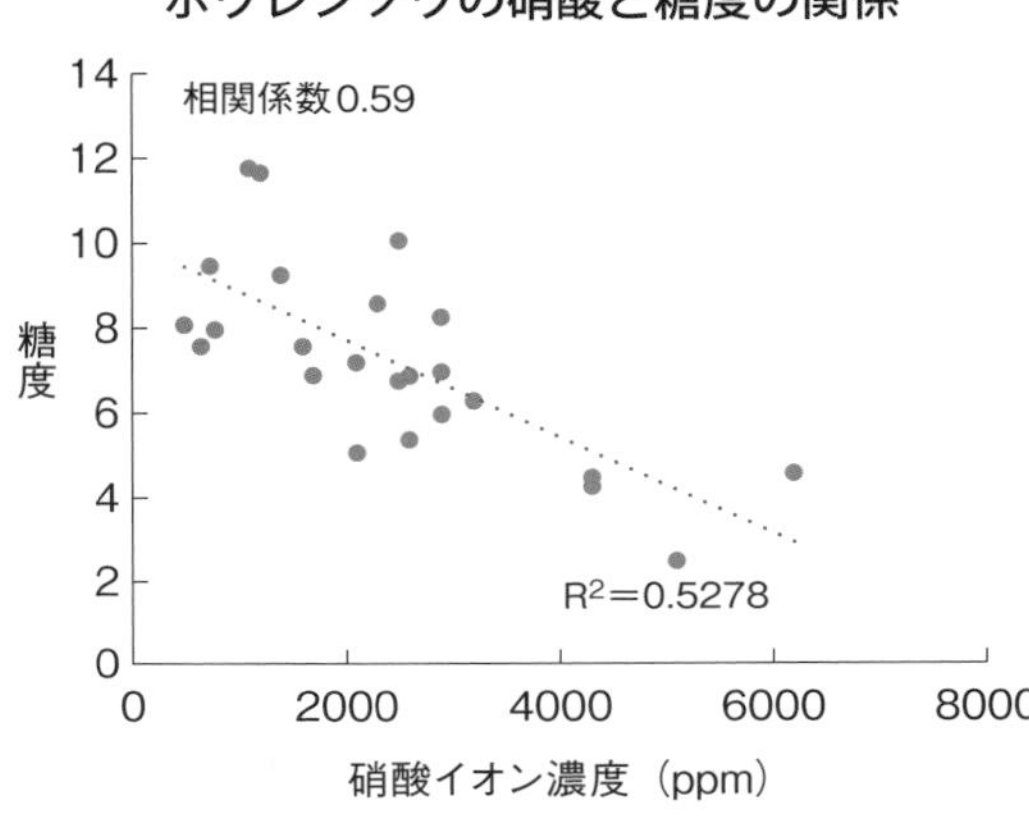

アンモニア性作物（野菜ではサトイモ）の場合、アンモニアが過剰だと酸アミドに変えて細胞内に蓄えたり、遊離アミノ酸が増えたりして、それらを好む吸汁昆虫を呼ぶことになります。

チッソ過剰になると、植物体内で糖の不足が起き、糖を原料とするビタミン類が減少して生理障害が発生しやすくなります。発生した部分は、病原菌の侵入も容易（たやす）くなると考えられます。また、植物は殺菌力の強い酸化エチレンを生成していますが、アンモニアが過剰になるとエチレンの生成が阻害され、酸化エチレンも減って免疫力が落ちます。逆に、硝酸が少ないと病害虫にも強くなり、ビタミンCなどの抗酸化作用を持つ物質も増えるので、日持ちもよくなります。保管していても、腐らずに萎（しな）びてくるだけで、最後には枯れていきます。

硝酸とともに影響の大きいカリ

もう一つ重要な肥料分としてカリウム（カリ）があります。カリの場合、過剰よりも欠乏の問題が大きく、欠乏するとデンプンやタンパク質の含量が減り、遊離アミノ酸、酸アミドなど虫のエサが増えて、害虫も増えやすくなります。カリは正常な代謝に不可欠で、欠乏するとチッソの代謝も乱れるため、チッソ過剰と同じような現象が起きてしまうのです。

病気も、カリ不足による代謝の乱れが原因です。カリは養分の運搬役で、不足すると光合成でできた糖（炭水化物）を根に転流できなくなるため根の伸びが悪くなり、生育全体が弱くなってしまうのです。同時に体内のpHも下がり酸性体質になり、病気にかかりやすくなります。

カリ濃度の増加はよいことが多く、

ホウレンソウのカリと糖度の関係

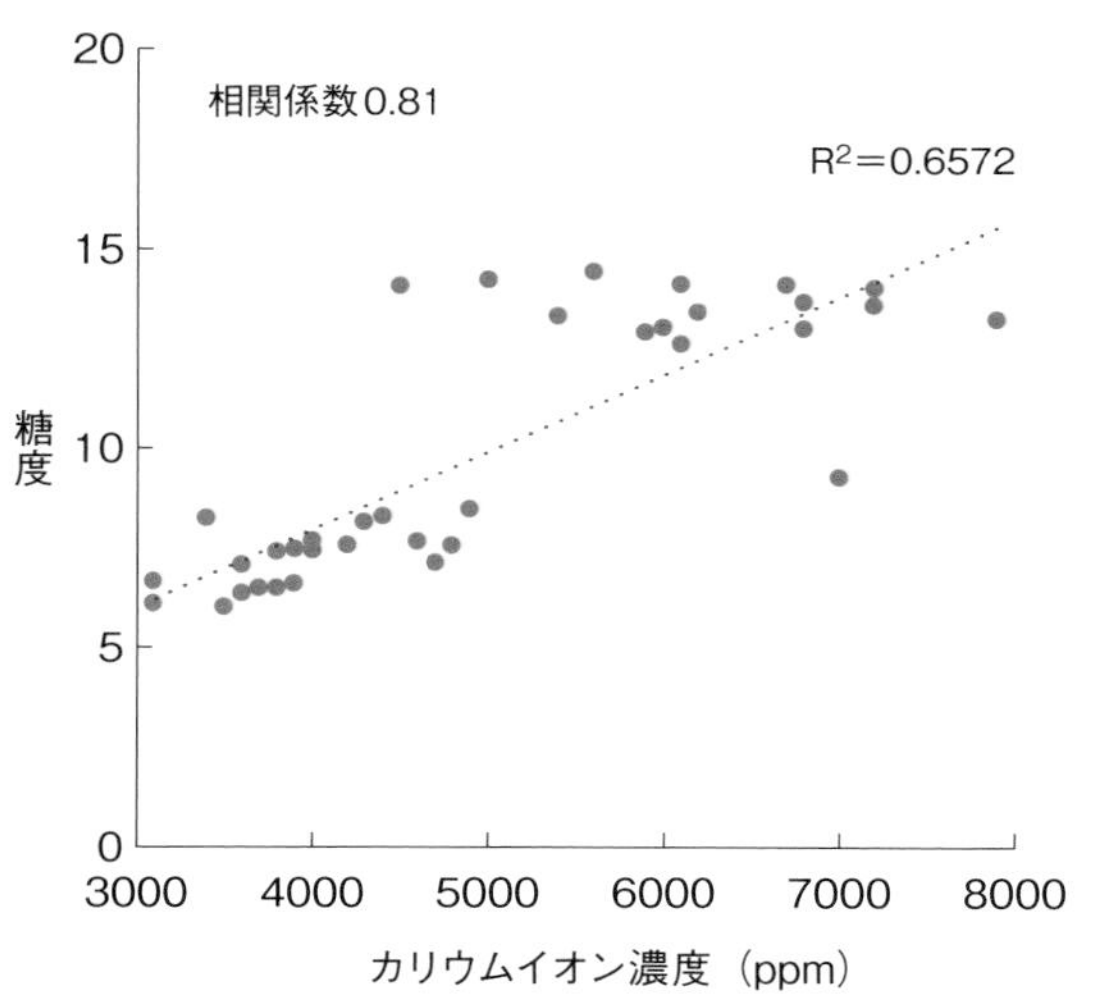

チッソのような過剰害は起きにくいです。土壌診断の基準では、石灰（カルシウム）・苦土（マグネシウム）・カリのバランスが当量比で5：2：1とされ、過剰に施肥すると石灰や苦土など他の陽イオンと拮抗作用があるといわれますが、カリ過剰による苦土の吸収抑制の事例はあまりなく、その逆の苦土過剰だとカリ欠乏が起きやすいようです。私の経験でも、特に果菜類の場合、収穫最盛期にはチッソの1・5～2倍のカリが必要で、そのように追肥しても苦土欠乏は起きません。水耕栽培での石灰・苦土・カリのバランスは当量比で8：4：8なので、この点からもカリはかなり必要といえます。

　リン酸や石灰や苦土なども過剰や欠乏で病害虫を助長しますが、特に作物の生育に影響の大きい成分はチッソとカリです。

硝酸過剰の原因は施肥過剰か根の数不足

　野菜の硝酸過剰の根本原因は、だいたい二つに絞られます。

　まず、チッソ肥料のやりすぎです。植物にとって肥料は「ご飯」ではなく「おかず」であり、「ご飯」は光合成でつくられる炭水化物です。よく育てようと「ご飯」のつもりでチッソ肥料をたくさんやって、逆に「ご飯」不足を招いているのです。炭水化物不足は糖度の低下、ビタミン類などの栄養価の低下、ひいては日持ちや耐寒性、耐病性の低下も招いています。植物を構成する元素は炭素と酸素で90％、水素を加えた炭水化物で96％、チッソは1・5％にすぎません。

　もう一つは、根の数不足です。特に重要なのは細根（細かい根や根毛）で、細根が多いと根の表面積が大きく、さまざまな養分を吸収できますが、細根が少ないと表面積が小さく、マイナスイオンで水と一緒に吸われる硝酸態チッソが相対的に多くなります。石灰、苦土、カリなどのミネラル類はプラスイオンで、多くは土壌に吸着されていて、イオン交換で吸収されます。細根が少ないとイオン交換する面積が小さいので、吸われるミネラルが少なく、硝酸同化が進まずにチッソ優先の生育になってしまいます。

　また、細胞分裂を促し、若返りのホルモンとも呼ばれるサイトカイニンは根の先端で生成されるので、細根が少ないとサイトカイニンも減って栄養生長（枝葉の生長）に傾きやすくなります。細根が多いほどサイトカイニン活性が高くなり、作物の生長も徒長生育でなく、ガッチリ型で健全になります（32ページ参照）。

植物の必須栄養素

	元素		含量	供給源
96%	C	炭素	45.0%	空気
	O	酸素	45.0%	水
	H	水素	6.0%	水
	N	チッソ	1.5%	土壌
	K	カリウム	1.0%	土壌
	Ca	カルシウム	0.5%	土壌
	Mg	マグネシウム	0.2%	土壌
	P	リン	0.2%	土壌
	S	イオウ	0.1%	土壌
	Cl	塩素	100ppm	土壌
	B	ホウ素	20ppm	土壌
	Fe	鉄	100ppm	土壌
	Mn	マンガン	50ppm	土壌
	Zn	亜鉛	20ppm	土壌
	Cu	銅	6ppm	土壌
	Mo	モリブデン	0.1ppm	土壌

植物体の乾燥重量当たりの値

細根を確保し、追肥主体の少チッソ栽培

細根を増やすには、初期にいかに細根を出すか、苗もいかに細根を張らせるかです。初期の根は発芽のときに決まります。一般的な発芽適温は、発芽率や揃いを第一に考え、高温に設定されています。しかし、初期の根を増やすには、低温のほうがタネに蓄えられた養分を発根のエネルギーに変えられ、発根量が増えます（詳細は後述）。細根の多い発根ができた後は、根傷みせず、根の活性が高くなる18〜25℃の地温の確保が必要です。冷たい地下水をかけると一気に根毛が傷み、チッソ過剰になってしまいます。作物によって多少違いますが、育苗には冷たくない18〜25℃の水を使いたいです（113ページ参照）。

　また、定植後も約60日でいかに細根を張らせるかで、作物の品質がほぼ決まります。チッソ肥料をどっさり入れると根張りは悪くなり、チッソが不足すると側根の伸びがよくなります。根は肥料を求めて伸びていくので、近くに肥料がたくさんあると伸びが悪くなるのです。ただし、カリは不足すると根の伸びが悪く、数も少なくなるので、カリ過剰にならない程度に施肥する必要があります。

　チッソについては元肥をたくさん入れて育てるよりも、元肥は少なめで追肥主体の少チッソ栽培がよいのです。チッソが不足しているところで微量の硝酸イオンに出会うと側根の伸びが増加するという研究もあります。

「観察」と月1回の「生体分析」で〝本物の野菜〟に

少チッソ栽培を実現するには、まず「観察」です。自分の栽培する作物がチッソ過剰なのか、適正なのか、不足しているのか、花や葉の状態を見れば、おおよそわかります。測定機器でチッソ・カリ・糖度を測定する「生体分析」は、判断に迷うときや生育を予測するときの補助手段です。特にカリ不足は、観察でわかる症状が出てからでは遅いときもあり、測定で先読みできます。

　では、生体分析をどこまでやればいいのでしょうか？　毎日測れれば細かいデータを得られますが、手で測るしかなく、忙しい時期には現実的ではありません。測定機器を自分で購入して測っている農家も、最初はまめに測って数値と生育状態の関係を覚えますが、その後は問題があったときの確認に使用しています。私が圃場巡回に同行しているところでは、月1回のペースで測定し、低硝酸の〝本物の野菜〟

硝酸・カリの役割と診断・対策の流れ

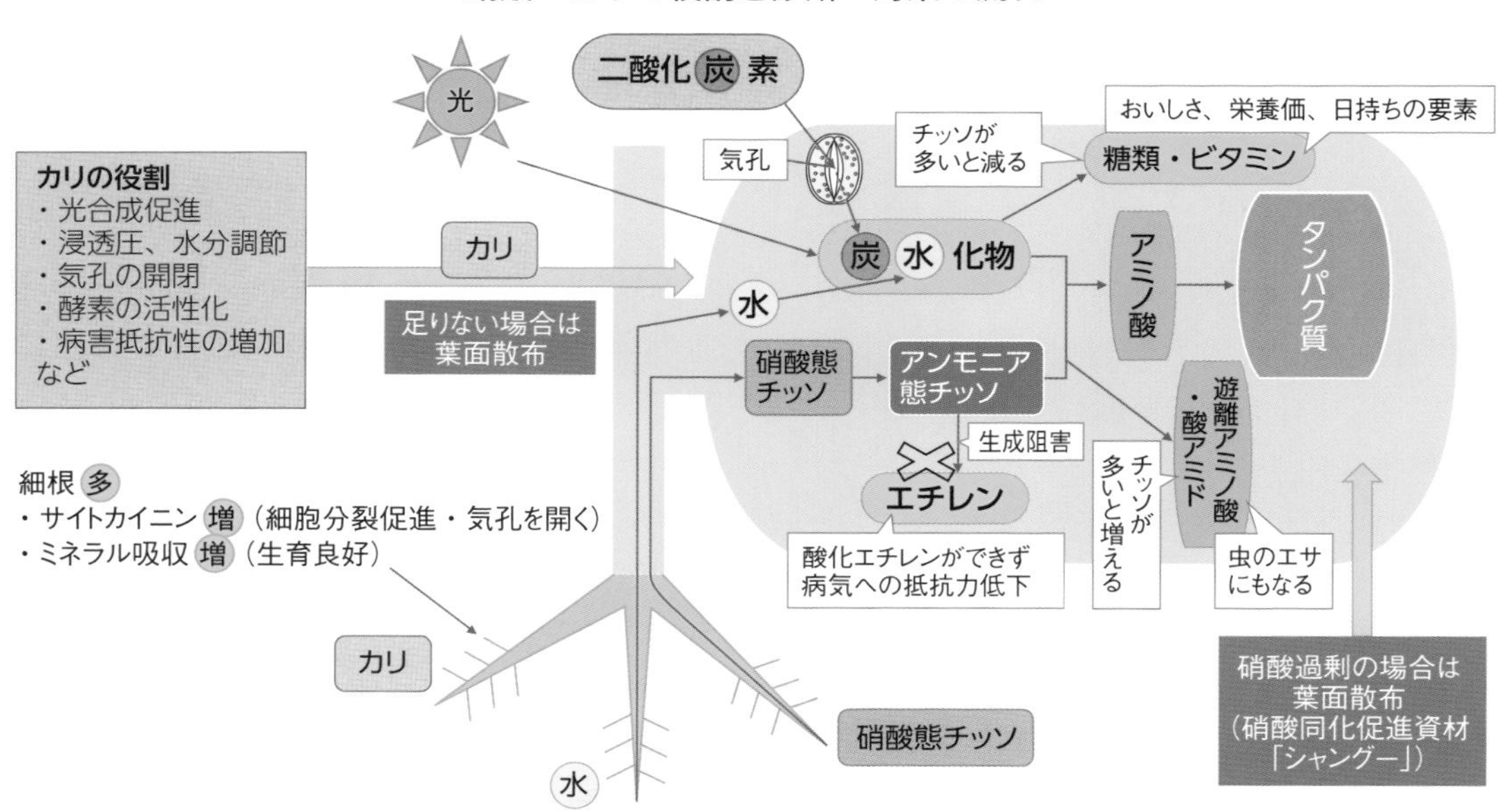

を実現しています。測定機器も安くはないので、品目が同じ農家のグループで共同購入・共同利用し、数値を共有しているところもあります。

観察と生体分析のやり方は、のちほど詳しく説明します。

硝酸過剰が判明したときの対策

観察や生体分析で硝酸過剰が判明したら、原因を探らなければなりません。肥料をやりすぎたのか、前作までの残肥が多すぎたのか、温度管理・水管理などが適正でないのか……。ケース・バイ・ケースですが、一番多いのはチッソ肥料のやりすぎで、特にハウス栽培の場合、このケースが圧倒的に多いです。

しかし、チッソ肥料を減らしても硝酸過剰の問題が解決しないケースも結構あります。その場合は、根の数が少ない可能性が濃厚です。根の数を増やすには発芽や苗づくりから見直さなければなりません。108ページで紹介する「低温発芽」も根の数を増やす重要な技術です。生育中に根が減ってしまう原因は、光が弱すぎたり強すぎたり、炭酸ガスが不足していたり、かん水や温湿度管理が適切でなかったり、さまざまです。診断で根の生育不良がわかれば、原因を探って手を打てます。

根本原因は肥料過多と根の数不足ですが、やってしまった元肥を栽培の途中に減らすことはできません。そこで、硝酸過剰の場合は硝酸同化を促進させる資材（カリ不足の場合はカリを含む資材）を葉面散布します。

果菜類の場合、仕立て方を変えるのも手です。ナスやピーマンでは、ふところの立ち枝を減らし、トマトでは側枝（わき芽）を早めに欠きます。生長点の数が多いとジベレリンが増えて硝酸過剰になり栄養生長に傾いてしまうからです。

他にも対処法はいくつもありますが、詳しくは品目別の解説をご覧ください。

診断のポイントと三種の神器

観察による生育診断
――まずは花と葉を見る

生育診断の基本は観察（観て察する）です。機器による測定はあくまで補助手段で、観察が第一にあります。

▼花を見る

果菜類の場合、まず花を見ます（花の色、花びらの数、花の大きさ・向き・開き具合、雌しべの長さ、ヘタの長さと太さなど）。花の色は濃く鮮やかなものがよく、花の色素はフラボノイド、カロテノイド、ベタレインの3種類あり、どれも抗酸化作用があります。硝酸濃度が適正でカリ濃度も高いものほど正常な生殖生長（花芽の形成）になり、抗酸化物質である色素の生成も活発で色鮮やかな花が咲きます。

花びらの数は品目別の解説を参照いただくとして、共通しているのは花の向きです。花粉が多く正常なものは締まった花弁で下を向いて咲く場合が多く、反り返った花弁で横や上を向いている花は花粉が少ないものが多いのです。まるで「花粉が少ないので虫をたくさん呼んで交配しよう」と考えているようです。

▼葉を見る

すべての野菜で、葉の状態を見ます。葉の縁が波打っているのは、チッソ過剰で細胞を縦に伸ばすジベレリンというホルモンの活性が強くなっている証拠です。正常に生育した葉は小さめで、平らで丸みを帯びて厚く、鮮緑色になります。葉の色が濃すぎるのもチッソが消化しきれず溜まった状態であり、葉柄の長さと葉の長さを比べて葉柄が長すぎるのもチッソが多く徒長している状態です。

葉と葉の間（節間）の長さを見ると、どういう生育をしてきたかがわかります。途中で節間が伸びていれば、そのときチッソ過剰などが原因でジベレリン活性が強くなった証拠です。葉序（葉のつき方）でも傾向がわかります。作物の葉序の角度は、1／2（180度）、1／3（120度）、2／5（144度）、3／8（135度）というフィボナッチ数列のどれかに当てはまります。例えば2／5の葉序のものは最初の葉を0とすると2回転して5枚目で同じ位置に来ますが、徒長すると茎が捻れて元の位置に来ません。

生育中の葉菜類や根菜類の地上部の場合、芯に近い生長点付近の葉と古い外葉の色を比較し、芯に近い展開葉も外葉と同じ濃い緑色ならチッソ過剰です。逆に古葉の縁から黄化が始まっていればカリ欠乏の可能性が高いです。カリは移動しやすい成分なので、古葉から症状が現われます。果菜類の場合は実の近くの葉から症状が出ることもあります。

▼できた野菜が硝酸過剰かどうか

収穫した野菜が硝酸過剰かどうかの

果菜類の観察のポイントと糖度計診断（品目により例外もある）

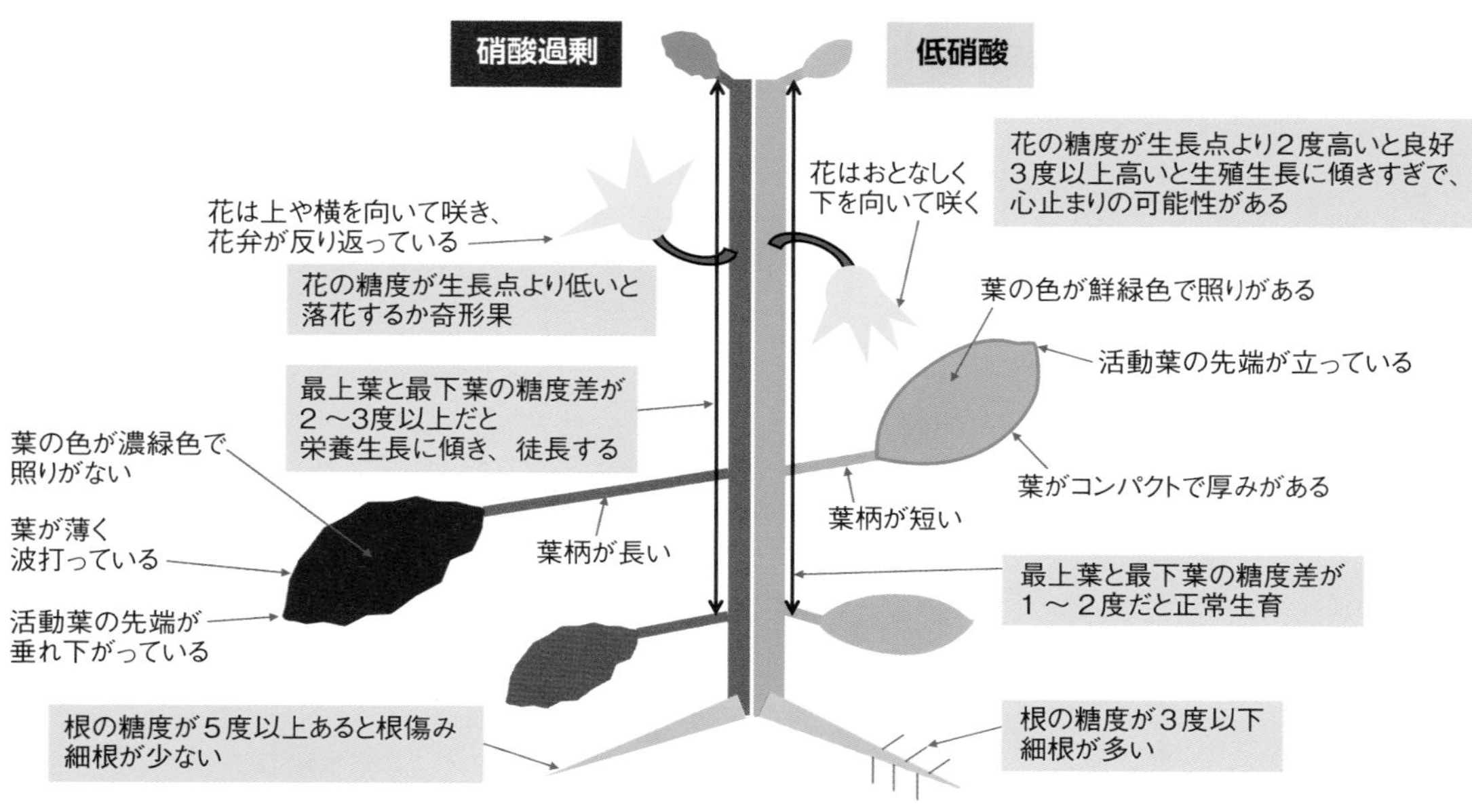

葉菜類や根菜類の地上部観察のポイント

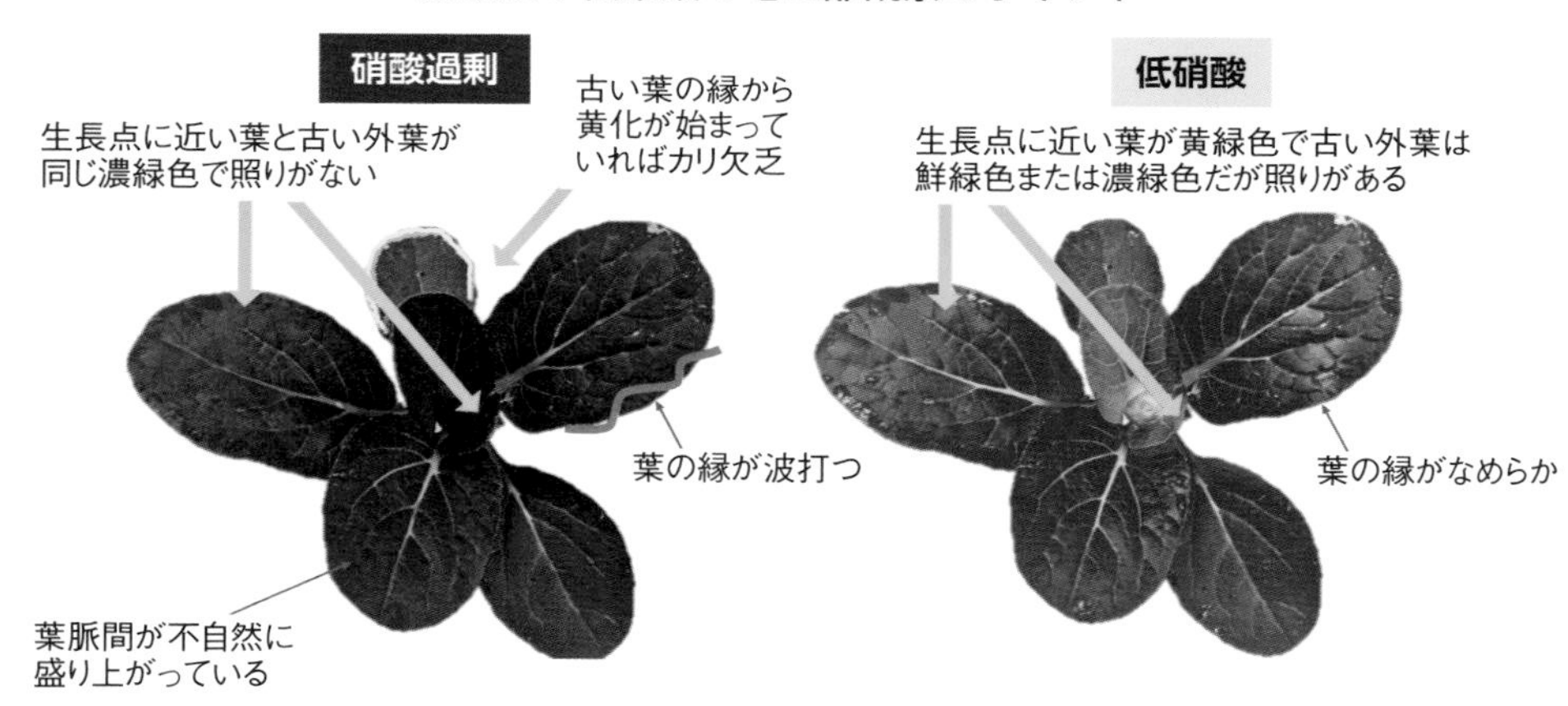

判別も重要です。詳細は品目別の解説を参照いただくとして、外観ではなく機器も使わない判別方法として、切り口の褐変スピードの確認や腐敗実験があります。

低硝酸の野菜は抗酸化作用が強いので、収穫時やカット時に切り口の色が変わるスピードが遅いです。また、収穫した実を放置しておくと、低硝酸のものは腐りにくく萎びるだけで、カビも生えにくく最終的には枯れていきます。これも抗酸化作用が強いことによると思われます。

道具を使った生育診断（生体分析）——診断に使うのは3種類

観察に加え、道具を使った生育診断（生体分析）も行ないます。主に使うのは3種類。硝酸イオンメーターとカ

硝酸イオンとカリウムイオンの測り方

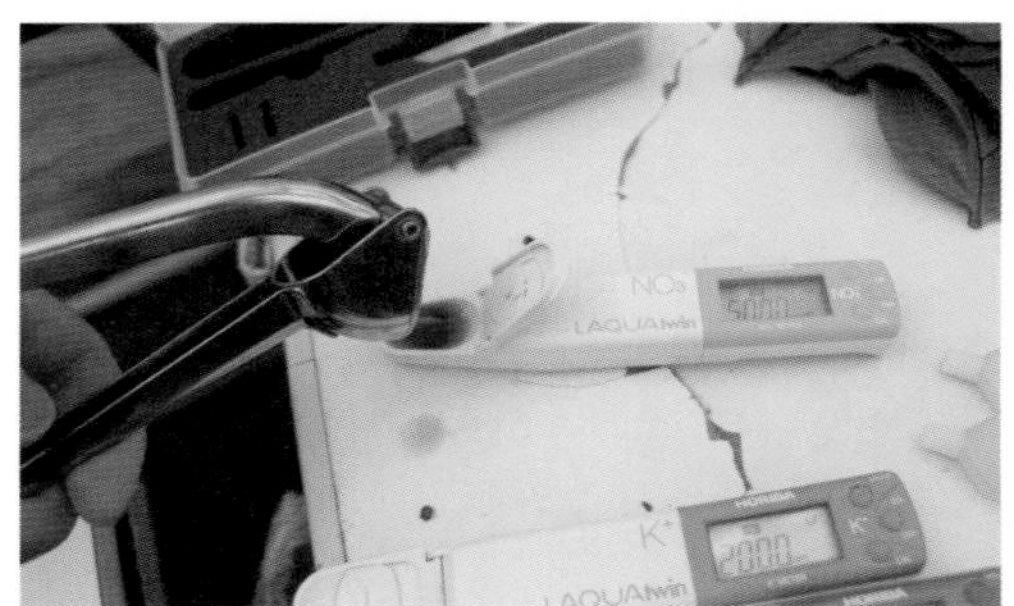

❹ニンニク絞り器で汁液を絞り出し、センサー部分に入れる

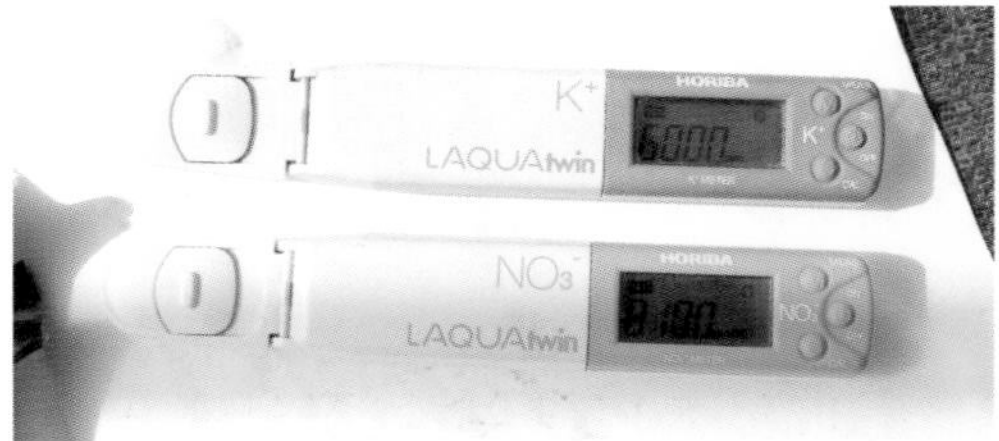

❺センサー部分は光の影響を受けるので遮光蓋を閉じて測定する

❻硝酸イオンメーターのスイッチ部。MEAS（メジャー）スイッチを押して☺マークが出るまで待ち、測定結果を読む

汁液が少ない場合の測定上の留意点

トウモロコシのようなイネ科は小さいときは汁液が出にくいことがある。そのときは、サンプリングシートを15㎜に切って、わずかな液を浸み込ませて測る

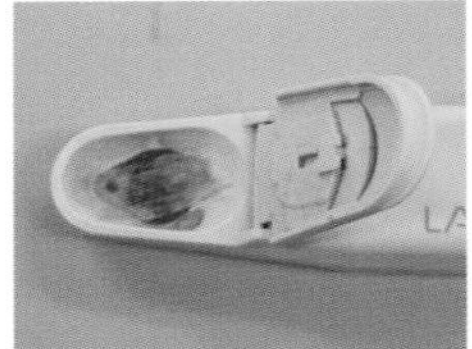

液絡部と応答膜に渡るように置く

サンプリングシート（イオンメーターの堀場製作所から出ている）

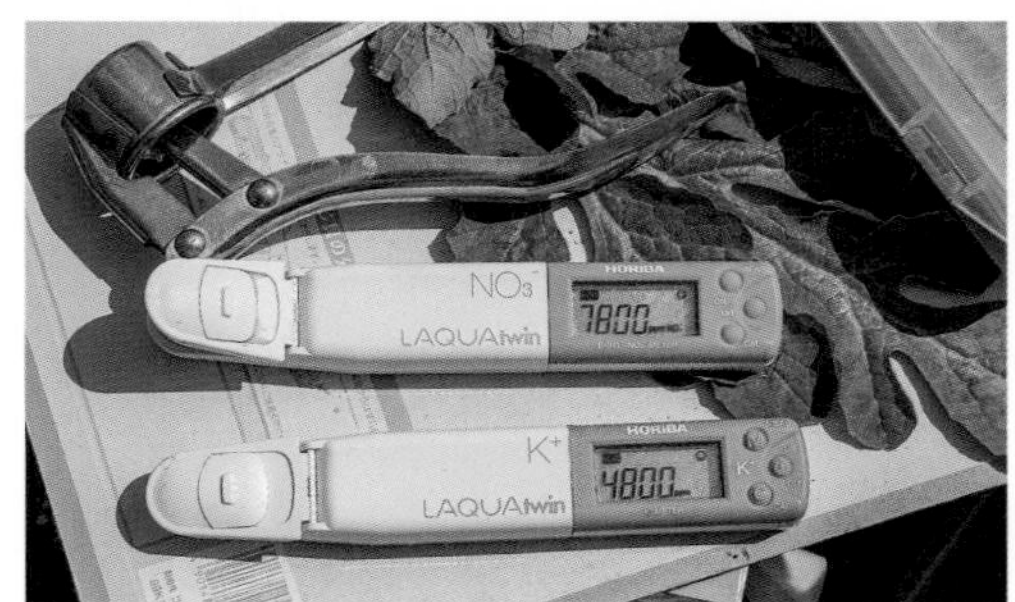

使用している硝酸イオンメーター（上）とカリイオンメーター。堀場製作所製でそれぞれ4万円前後。必ず校正してから測定する（赤松富仁撮影、以下Aも）

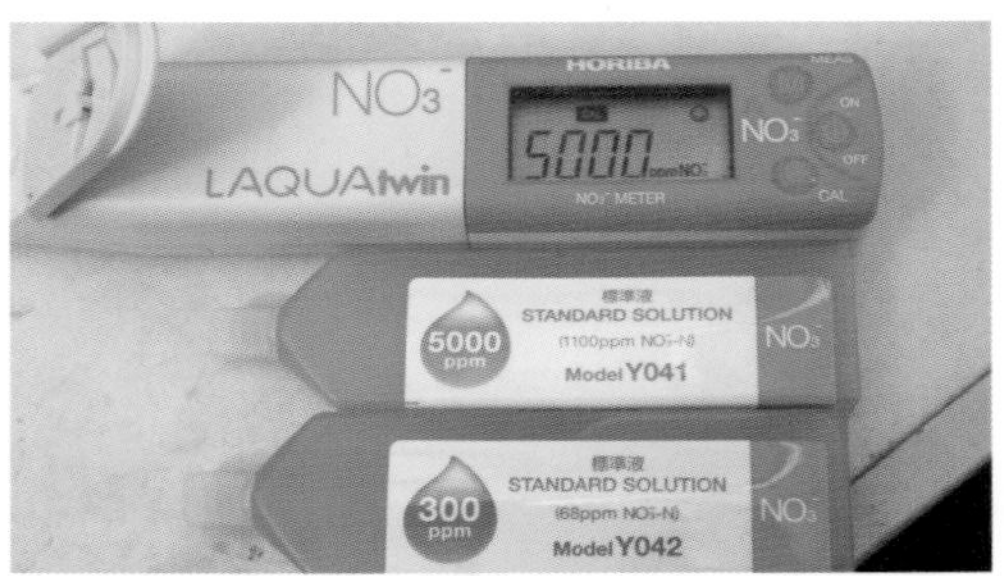

❶分析前に必ず校正する（硝酸は300ppmと5000ppm標準液による2点校正、カリは150ppmと2000ppm、説明書に従い、使用前に必ず行なう）。畑全体から平均的な株を10本ほど選び、活動している葉を1本につき1枚、葉柄つきで採る（全体の平均を見たい場合）

❷集めた葉と葉柄をハサミで切り分け、葉柄だけにする

❸葉柄をハサミで細かく刻み、ニンニク絞り器に詰め、絞り汁を採取する

リウムイオンメーターと糖度計が分析の「三種の神器」です。

▼硝酸・カリウムイオンメーターによる診断

硝酸イオンとカリウムイオンを測るのは、作物の生育に影響が大きい成分だからです。当初はリン酸やカルシウムイオン、マグネシウムイオンなども測定していましたが、硝酸とカリほどには大きな影響は見られませんでした。

硝酸イオンメーターとカリウムイオンメーターの使い方は前ページのとおり、とても簡単で、汁液をセンサーに入れてスイッチを入れると数値がデジタル表示されます。

測定時間は同じ時間帯がよく、傾向として朝方は硝酸もカリも低めに出ます。その後、硝酸もカリも上がってきて、夕方になると硝酸は減ってカリは高めを維持するケースが多いですが、そのときの生育状況、天候などで変化します。各作物の基準値は品目別の解説で示していますが、あくまで目安で絶対的な数値ではありません。数値と作物の生育状況をよく観察して、自分の目安をつくるのが一番です。

▼糖度計による診断

もっと手軽なのは糖度計による診断です。作物の一部を糖度計の採光板で挟んでつぶし、汁液の糖度を読む方法です。正常に生育している作物は、いずれも生長点に近いほうが葉の糖度が高く、株元のほうが低くなります。

これが逆転したら、水分や養分がスムーズに吸収されていないということ。萎(しお)れや心止まりが出やすくなります。また、最上葉（生長点付近の展開

糖度の測り方

糖度計（Brix計）で汁液の糖度を見る（写真は土微研の故片山悦郎氏）。1万円くらいで購入できる（A）

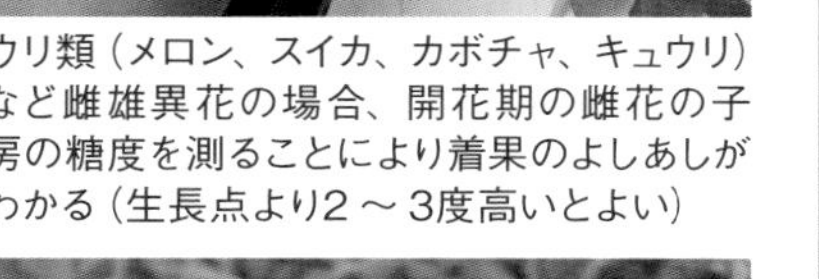

ウリ類（メロン、スイカ、カボチャ、キュウリ）など雌雄異花の場合、開花期の雌花の子房の糖度を測ることにより着果のよしあしがわかる（生長点より2～3度高いとよい）

つる性作物の生長点をつぶしたくないときは生長点に近い巻きひげの元の糖度を測る（プラス1が生長点の糖度）

採光板に葉や花をのせてフタでつぶすだけ（A）

診断結果からの対策（参考）

硝酸	高い	追肥を控え、チッソを消化するための葉面散布を行なう。硝酸同化促進資材「シャングー」
		光合成不足の原因を探る：細根が少なくないか、光が適正か、炭酸ガス濃度、温湿度管理（飽差）、かん水が適正か
		施肥管理を見直す：肥料が多すぎないか
		根の数不足の場合、発根剤「発根団粒元」「フルボン」のかん水施用で新しい根を出す
	正常	観察して問題なければ順調
	低い	光合成が活発で低い（糖度計診断で最上葉と最下葉の差が1〜2度）→正常 養分が吸えていなくて低い（最上葉と最下葉の糖度差が同じか近い）→「尿素」の葉面散布
		養分が吸えていない場合、土壌にチッソ分がない場合は追肥する
		土壌にチッソ分があっても吸えていない場合、水分が足りないか根傷みしているか糖度計診断と観察で確認
	根傷みの場合高いときもある＊	ガス害、施肥過剰で根傷みしている場合（根の糖度5度以上）→「再活DF」「発根団粒元」のかん水施用 根から吸えていないので「尿素」の葉面散布（硝酸が高い場合はしない）
		センチュウの場合「ネマトーヒ」「発根団粒元」のかん水施用 土壌病害菌の場合「OYK菌」のかん注 根から吸えていないので「尿素」の葉面散布（硝酸が高い場合はしない）
カリ	高い	観察して問題なければ順調
	正常	
	低い	カリの追肥を行なう。カリなどのミネラルの吸収を促すためにクエン酸の入った「根酸」を施用
		カリ分の高い葉面散布を行なう。例「K－40」「カーボリッチ」など
		果菜類で着果負担が多い場合、収穫が遅れないように作業を進める 葉の老化が進んでいる場合、サイトカイニン活性を高める「ファイトカイニン」の葉面散布
		土壌にカリ分があっても吸えていない場合、水分が足りないか根傷みしているか観察で確認
		根傷みしている場合、「再活DF」「発根団粒元」のかん水施用
		センチュウの場合「ネマトーヒ」「発根団粒元」のかん水施用 土壌病害菌の場合「OYK菌」のかん注

＊軽度（細根）の根傷みではチッソばかり吸って硝酸が高いが、重度の根傷みではチッソも吸えず硝酸は低い
資材の使用方法については、みずほアグリサポートのホームページ参照　mizuhoagrisupport.co.jp

葉）と花の糖度差から、栄養生長に傾いているのか、生殖生長に傾いているのか判断できます。

さらに、中間の葉の糖度が低い場合は、なり疲れや薬害が出やすくなることがわかります。根の糖度を測って5度以上あれば、根傷みの発生が疑われます。花の糖度が生長点より低いと、落花しやすくなります。

メロン、スイカ、カボチャ、キュウリなど雌雄異花の場合、開花期の雌花の子房の糖度を測ると着果のよしあしがわかります（生長点より2〜3度高いとよい）。

つる性の作物で生長点をつぶしたくないときは、生長点に近い巻きひげの元の糖度を測り、プラス1が生長点の糖度とします。

診断結果の読み方、生かし方

生体分析の数値の読み方は、品目別の解説に参考値を示しましたが、品種や地域、作型などによっても違いがあり、絶対的な数値ではありません。ぜひ観察と合わせて各自の基準値を作成

してください。

診断後の対策として、さまざまな管理の改善や土微研の資材を提案しましたが、地元で手に入りやすく、気に入った資材を使っても大丈夫です。土壌改良材や葉面散布材の効果の見極めにも生体分析は使えます。

硝酸過剰を防ぐため、「みずほの村市場」では、作付け前の土壌診断に基づく少チッソ（適正チッソ）栽培が当たり前です。品目によって多少違いますが、施肥チッソ量は慣行基準の半分以下のケースが多く、適正なチッソ量でつくるほど味も日持ちもよくなります。秀品率が上がり、病害虫被害が減るため、トータルの収量が減ることもなく、作物本来の姿や生育がよく見えるようになります。

作物を見て、測って、声を聴く。生育診断を重視した栽培方法＝植物対話農法で、〝本物の野菜〟づくりを目指してください。

コラム● 知らなきゃ損する　道具のメンテナンス

カリウムイオンメーターは、しばらく使わないと校正がエラーになって使えなくなることが多いですが、スイッチOFFのまま、校正用の標準液2000 ppmをセンサー部分に入れておくと半日くらいで直ることがあります。ただし、液絡部から内部液が少しずつ出ていて内部液がなくなると、センサー部分の交換が必要です。

センサー部分は薄い素材で覆われ、強い力がかかるとヒビが入り壊れてしまうので、洗浄には精製水を使い、洗浄後は水分をそっと拭き取ります。

保管は、よく乾かして常温で大丈夫です。冬場は低温だと校正がうまくいかないことがあるので、温かい部屋かハウスに少し置いてから校正します。

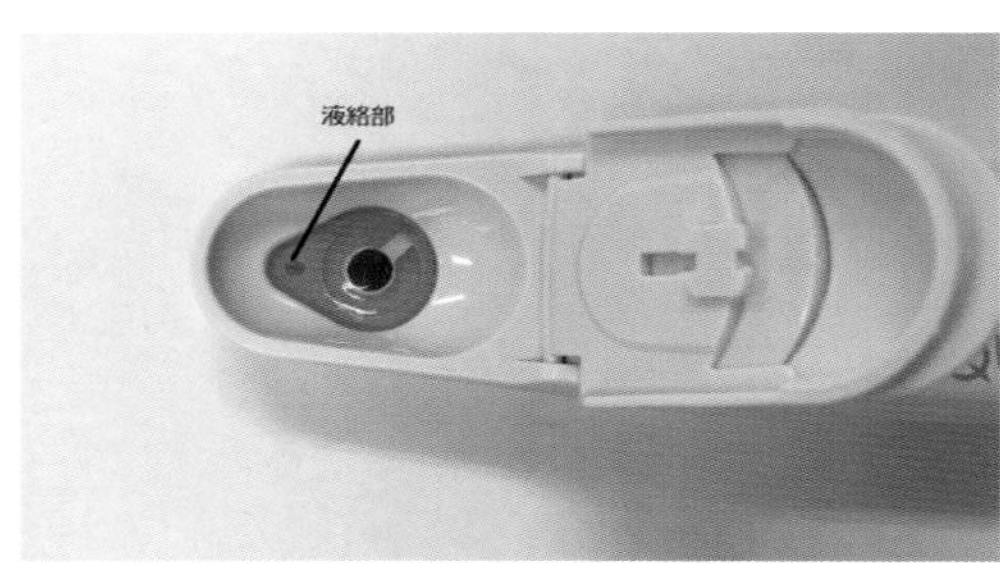

センサー部分。薄い素材で覆われている

ニンニク絞り器は、柄のしっかりしたものを使わないと、柄の部分が壊れることがあります。写真の下のタイプのほうが丈夫です。

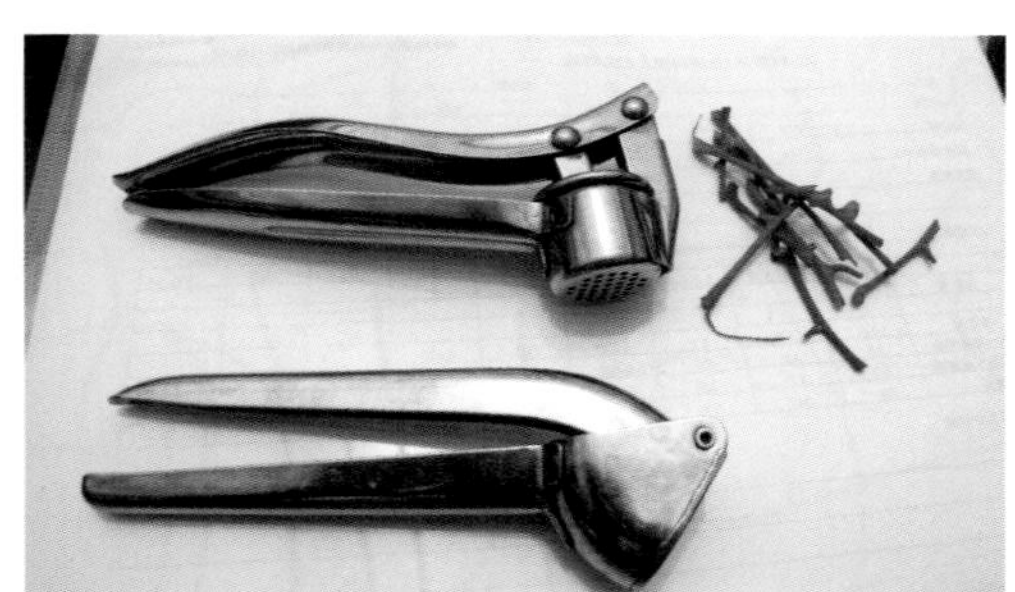

ニンニク絞り器。下のタイプが丈夫

野菜27品目
診断と対策の実際

ナス

●ナス科

花びらが6枚

花びらが5枚で雌しべが短い（短花柱花）

下向きに咲き、横から見ると雌しべが雄しべより長い（長花柱花）（赤松富仁撮影）

未消化（未同化）のチッソが多くて栄養生長に傾いているか、チッソを順調に消化して生殖生長に傾いているかは、花と葉を観察するとわかります。

花を見る

まずは花。花の色、花びらの数、花の大きさや向き、開き具合、雌しべの長さ、ヘタの長さと太さなどを見ます。ナス畑全体を見回って、花びらが6枚ある花が多く、下向き加減でおとなしく咲いている花が多ければ正常です。こういう花は花粉も多く花の糖度も高い（浸透圧が高い）ので、光合成で得た葉の養分がスムーズに花に集まり、細胞分裂が活発に行なわれ肥大もよいのです。花の違いはもちろん実にも現われます。実がなる収穫期なら、咲き終えた花びらの落ちが悪い（実の下にいつまでも花びらがついている）のはチッソ過剰です。朝、観察したときにヘタに沿って白い部分が広い実は、糖度が高く肥大のよい印です。

朝、ヘタに沿って白い部分が広い（肥大のよい印）。トゲがしっかりしている

葉が厚く、葉の付け根や葉脈が左右非対称（左右にずれている）

白い部分が少なく、花びらの落ちが悪い。トゲが弱い

葉が薄く、付け根や葉脈が左右で同じ

ナスの観察のポイント

	正常な姿	チッソ過多の姿
花の色	紫が濃い	紫が薄い（白色化）
花びらの数	６枚の花が多い	５枚
花の大きさ	小さい（普通）	大きい
花の向き	下を向く	横を向く
花の開き具合	締まった花弁	反り返った花弁
雌しべ（花柱）	雄しべより長い	雄しべと同じか短い
果梗	長く太い	短く細い
葉の縁	平ら	波を打つ
葉の形	左右非対称	左右対称
葉の大きさ	小ぶりで丸い（葉柄1に対し葉が2）	大きく長い
葉の厚さ	厚い	薄い
葉の色	紫がかった鮮緑色	淡緑色

肥料不足でも短花柱花になる

葉を見る

次に葉の状態を見ます（中間の活動葉）。正常に生育した葉は小さめで、平らで丸みを帯びて厚く、紫がかった鮮緑色になります。葉の縁が波を打っていたら硝酸過剰の証拠です。チッソが多いとジベレリンという植物ホルモンの活性が強くなり、細胞が縦伸びしてしまうのです。生長点付近の展開葉の葉色が古葉・成葉と同じ濃い緑色の

●収穫期の糖度の理想値
最新展開葉（生長点に近い葉）：6度
古葉（下葉）：5度
……糖度差1度、生長点に近いほうが1度高い
花のヘタ部（付け根）の糖度：8度
……生長点より2度以上高い

●収穫期のイオン濃度の理想値
活動葉の葉柄の硝酸　5000ppm以下
活動葉の葉柄のカリ　6000ppm以上
実の硝酸　400ppm以下

ボケナス（つやなし果）の発生の予見

	正常な樹	ボケナス（つやなし果）の樹
生長点と下葉の糖度	生長点が高く下葉が低い	生長点と下葉が同じ
花のヘタ部（付け根）の糖度	上葉より花のヘタ部が高い	上下の葉も花のヘタ部も同じ
ナスの果実の糖度	花落ち部（果実の先端）がヘタ部より１度高い	花落ち部とヘタ部が同じ

場合や生長点・茎・葉の色のアントシアン（紫色）が薄い場合もチッソ過剰の姿です。

生体分析

観察による診断で硝酸濃度はおおよそわかりますが、より正確な数値やカリ濃度の確認にはイオンメーターによる測定が必要です。また、今は大丈夫でも今後、奇形果やつやなし果が増えるかどうかを確認したいときなどは糖度計診断が有効です。

測定値の目安は、活動葉の葉柄の濃度で、硝酸は５０００ppm以下、カリは６０００ppm以上が理想です。腐りにくい実の硝酸濃度は４００ppm以下です。

糖度計診断（収穫期の理想値）では、最新展開葉（生長点に近い葉、６度）と古葉（下葉、５度）の糖度差が１度以下なら生殖生長傾向、糖度差が１・５度より大きければ栄養生長傾向と判断できます。中間の葉の糖度が低い場合は、なり疲れの発生や、薬害が出やすくなることがわかります。根の糖度が５度以上なら根傷みの発生が疑われます。正常な実をつけるナスは、花のヘタ部（付け根）の糖度（８度程度）が生長点より２度以上高いです。

また、上の表のようにボケナス（つやなし果）の発生が予見できます。

硝酸過剰・カリ不足の対策

▼硝酸同化資材・カリ資材の葉面散布

硝酸過剰・カリ不足への対処法は、応急的には葉面散布になります。硝酸過剰の場合は硝酸同化を促進させる資材「シャングー」１０００倍液、カリ不足の場合はカリを含む資材「K－40」５００～１０００倍液を葉面散布します。天候不順で光合成不足の場合はC／N比（炭素とチッソの比率）を高める「パワーゲン」１０００倍液も有効です。

根傷みが原因でカリが吸収できていない場合は、ガス害を減らし活性酸素により根の酸化還元電位を高め活性化する「再活DF」１０００倍液や、クエン酸を含む「根酸」１０００倍液をかん水施用します。その後、発根剤として「フルボン」１０００倍液や「発

よいナスの実の見極め方

果形	①ヘタ部から見て、ガクが5～6枚で四方に均等に伸びているもの ②ヘタの部分にトゲがあり、そのトゲがしっかりと張ってとがっているもの ③ヘタ部の肩が、なで肩でなく、張っているもの ④曲がり・ひずみがなく、縦の長さがあり、ぷくっと膨らみのあるもの
果色	①黒紫色で、てらてらした光沢のあるもの ②ヘタのヘリ部に沿って、白い部分が広いもの（肥大のよいしるし）
食味	①生で食べて、えぐみ・渋みがなく、甘みがあるもの ②生で食べて、ジューシーなもの（ナスを強く握ると、汁液が滴り出るものがよい）
その他	①よいナスは、常温に放置しても腐敗せずに萎びるだけ ②調理するまでの保管は、実がなっていた状態（ヘタを上）にして置くと味の変化が少ない

根団粒元」２０００倍液をかん水施用し、新しい根を張らせます。

▼ふところの立ち枝を減らす

ナスの場合、仕立て方を変えるのもポイントです。ふところの立ち枝（内芽）をできるだけ減らし、主枝から出る横芽と外芽を使うと硝酸が低いナスができます。立ち枝が多いとジベレリンという植物ホルモンが増えて栄養生長を促してしまうからです。この仕立ては露地栽培でも同じです。また、垂れ下がって下を向いた成り枝には、糖度が低い花しかつかないので、早めの誘引とピンチ（切り戻し）が大切です。

U字仕立てにして、ふところの立ち枝を整枝したナス。ピンと引っ張るより、ゆるく誘引したほうが徒長しにくい

ピーマン、パプリカ

●ナス科

上の花は分化のタイミングで硝酸過剰だった。花びらが5枚、横向き気味に咲く。下の正常な花は花びら6枚、下向きに咲く（赤松富仁撮影、以下Aも）

まずピーマンの樹を観察します。ピーマンはナス科ですから、先に紹介したナスと同様に、見るポイントは二つあります。パプリカやシシトウもほぼ同じなので、特に断わり書きがない場合は同じと考えてください。

花を見る

一つ目は花です。花びらの数、花の大きさ、花の向き、花の開き具合、雌しべの長さ、果梗の長さと太さなどを見ます。ピーマン畑全体を見回って、花びらが6枚あって、下向き加減でおとなしく咲いている花が多ければ正常です。こういう花は花粉も多く花の糖度も高いので、光合成で得た葉の養分が浸透圧によってスムーズに花に集まります。細胞分裂が活発に行なわれるため、肥大もよいのです。

逆に硝酸過剰だと、花びらが落ちずに実についたままになっています。また花びらは5枚で横を向いて咲いている花が多くなります。横を向くのは花粉の出が悪い証拠です。

葉柄を葉の縁で折り返してみると、右は葉柄が長く徒長気味。硝酸が多い（A）

ヘタが五角形

ヘタが六角形

ピーマンの観察のポイント

	正常な姿	チッソ過多の姿
花びら数	6枚の花が多い	5枚
花の大きさ	小さい（普通）	大きい （鬼花が見られる）
花の向き	下向き	横向き
花の開き具合	締まった花弁	反り返った花弁
雌しべ（花柱）	雄しべより長い	雄しべと同じか短い
果梗	長く太い	短く細い
展葉した葉の縁	平ら	波を打つ
葉の大きさ	小ぶりで丸い	大きく長い
葉の厚さ	厚い	薄い
葉柄の長さ	短い	長い
生長点近くの茎の断面	角ばっている	丸みを帯びている

葉を見る

二つ目に葉の状態を見ます。葉の縁が波を打っているようでは硝酸過剰で、細胞が縦伸びしている証拠です。正常に生育した葉は小さめで平ら、丸みを帯び厚くなっています。

葉柄と葉の長さを比べると上の写真のように、正常だと葉柄が短め、硝酸過剰だと葉柄が長めになっています。

硝酸過剰にしないために

▼定植時の心得

ピーマン（パプリカ・シシトウ）は初期の根が子葉に対して水平に広がります。定植するときは、ウネ方向に対して子葉を直角に植えます。子葉をウ

おいしい 硝酸が少ない ピーマンの姿（収穫期）

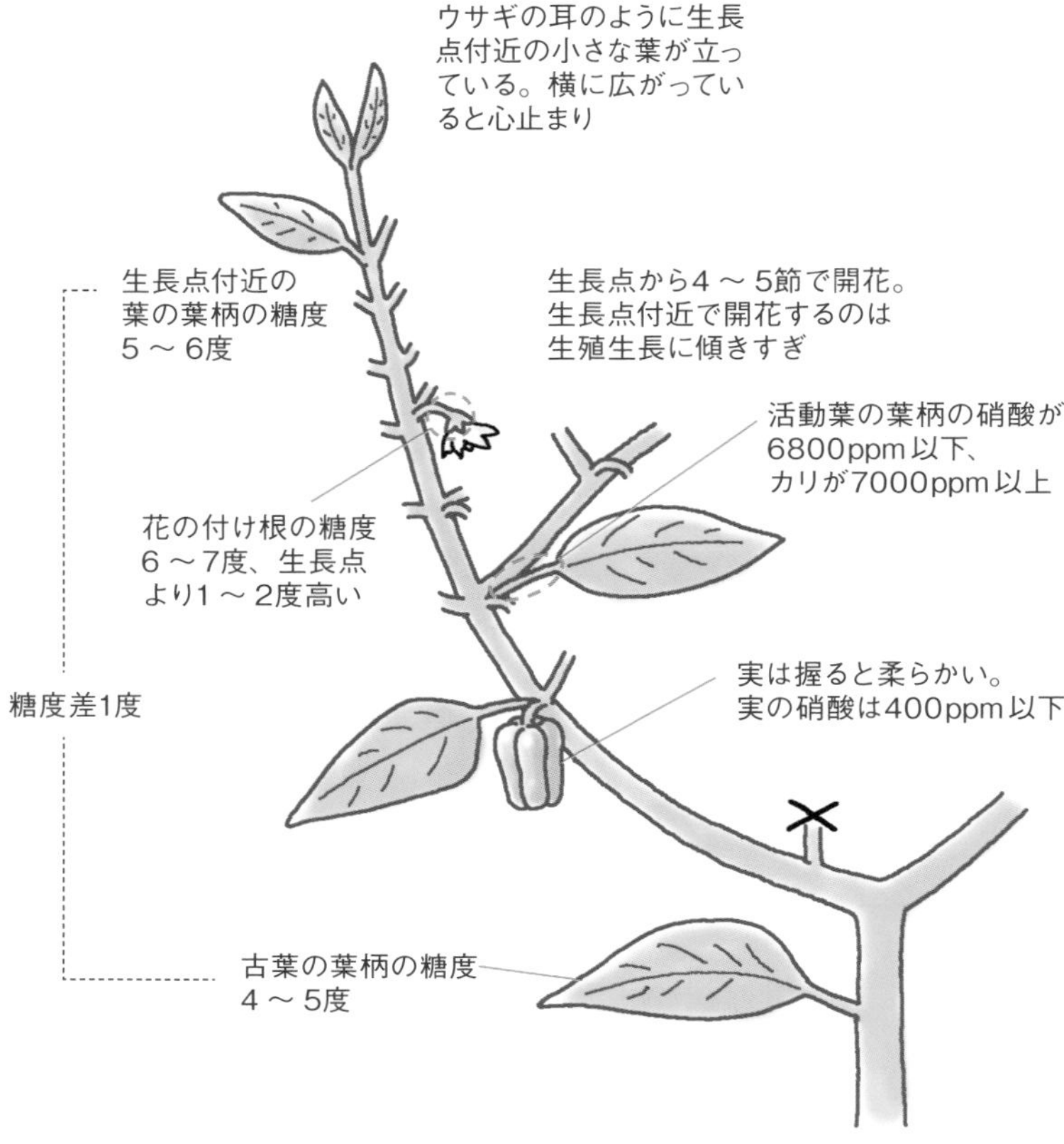

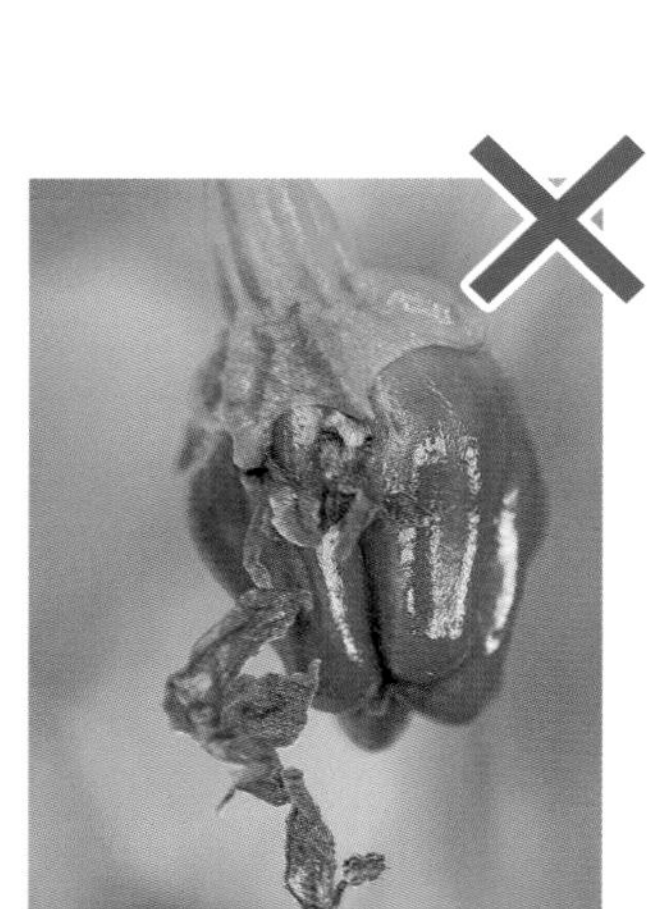

花落ちが悪いのも硝酸過剰の証拠（A）

葉の緑が波打っているのは硝酸過剰（A）

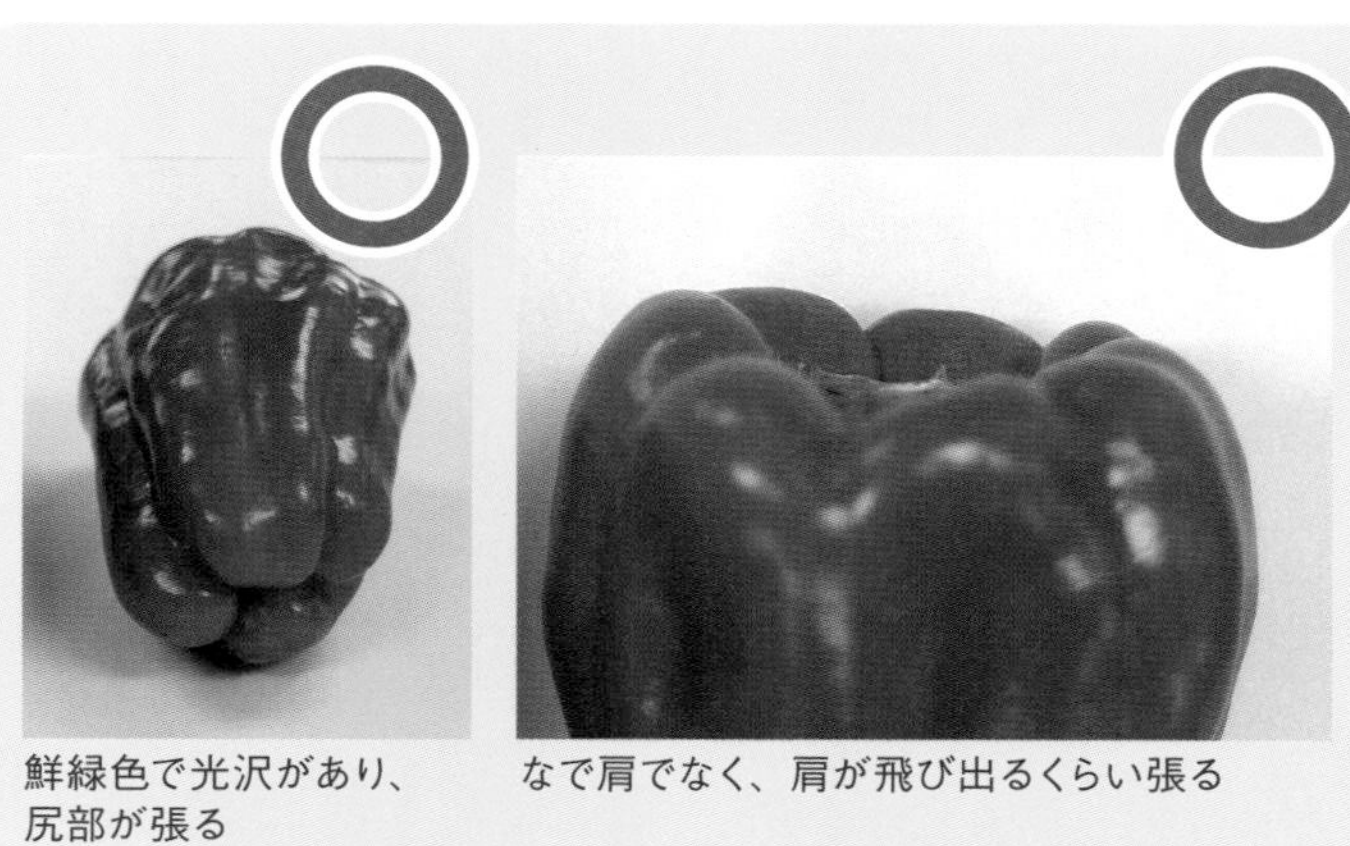

鮮緑色で光沢があり、尻部が張る

なで肩でなく、肩が飛び出るくらい張る

ネと平行に植えてしまうと、初期の根が隣の株の根と競合します。加えて、地上部においても本葉11枚頃の最初の分岐が正常な生育ならば子葉の方向に分枝するからです。

▼遮光する

ピーマンはトマトなどと比べると「光飽和点」が低い。普通、光を徐々に強くしていくと光合成速度が増加しますが、ある程度の強さになると、光合成速度はそれ以上増加しなくなります。そこが光飽和点で、ピーマンの場合は3万5000ルクスです。

光飽和点を超えると、強光により呼吸（光呼吸）が増え、エネルギーのロスが起こります。本来、光合成で合成された炭水化物はチッソと結びついてアミノ酸になりますが、呼吸が増えると炭水化物は分解されてしまうため、チッソが植物体内に残留。硝酸過剰となるのです。そのため、カーテンの開閉または、遮光ネットなどで適正な光量にすることで生育がよくなり、尻腐れ果や日焼け果の発生も防げます。

▼誘引で生育をコントロール

硝酸の少ないピーマンをつくるには、ナス同様ふところの立ち枝をできるだけ少なくするのがポイントです。横芽と外芽に着果させるとよく、この仕立て方は露地栽培でも同じです。理由は、ふところの立ち枝が多いとジベレリンという植物ホルモンが増えて（＝ジベレリン活性が高まる）、栄養生長を促してしまうからです。徒長しやすくなり、硝酸の数値も上がります。

また、着果させた枝が垂れ下がると糖度の低い花がつきやすいので、早めの誘引とピンチが大切です。

着果過多などで心止まり傾向のときには、誘引ヒモをピンと張って生長点を垂直に立てると、ジベレリン活性が高まり栄養生長に傾けることができます。逆に緩めると生殖生長に傾きます。

子葉
子葉

ウネ方向に対して子葉を直角に植える

ただの誘引ヒモでなく生育をコントロールする通称「あやつり糸」。結び目を簡単にずらせるようにしてある

「みずほの村市場」でピーマンを販売する中島政美さん。誘引ヒモで栄養生長と生殖生長をコントロールする。日中は遮光もする（A）

トマト

●ナス科

樹を見る

トマトもこれまで紹介したナスやピーマンと同様に、硝酸過剰で栄養生長に傾きすぎていないか、適正に硝酸が同化されて生殖生長に傾いているかをまずは観察で判断します。硝酸の少ない高品質トマトをつくるには、生育期間を通じてやや生殖生長気味になるように管理するのがポイントです。

トマトの樹の見方は、以下のとおりになります。

▼生長点付近の葉

生長点は黄緑色。生長点から2～3枚目の展開した葉が濃緑色なのが正常で、黄緑色になった場合や、葉が大きく薄く、柔らかくなったら栄養生長気味です。

正常なときの生長点は、朝に立ち気味でも午後から夕方にかけては横を向きます。

▼果房の出方

トマトは葉が3枚出た後に1果房つくのが正常で、そのとき各果房は同じ方向に出ます。果房が出る方向が定まらなかったり、果房が飛んで、葉が5枚連続でついたりするのは栄養生長に傾きすぎです。

▼花

花の色が薄黄色になった場合は、栄養生長です。果房で初めに咲く花だけが異常に大きくなったり、横向きの花が多くなった場合も同様です。また花びらが異常に上向きに反り返るのも栄養生長の証拠です。

果房の展開スピードも大切です。大玉トマトの場合、10～3月頃にはおおよそ15日に1果房展開しますが、10日に1果房以上展開すると栄養生長気味です。夏秋栽培の4～9月頃なら10日に1果房が正常で、7日に1果房以上になると栄養生長です。

樹を見る以外に、花粉の出が悪く交配用のハチが飛びにくくなるのも、栄養生長気味の目安になります。

糖度・硝酸・カリを測る

糖度計診断は、3段果房開花までと収穫期で数値の目安が異なります。3段果房開花までは、生長点付近の葉と最下葉の糖度差が0・5度。収穫期には、1度以下が正常です。糖度差が大きくなるのは栄養生長に傾きすぎている証拠です。

硝酸濃度は、複数の小葉(しょうよう)の葉柄で測ります。側枝（わき芽）を使用してもいいです。あくまで目安ですが、理想値は硝酸が4000ppm以下、カリは5000ppm以上です。実の硝酸濃度は200ppm以下が目標です。

低硝酸トマト栽培の土づくり

高品質な低硝酸野菜の栽培にとって

おいしい 硝酸が少ない トマトの姿

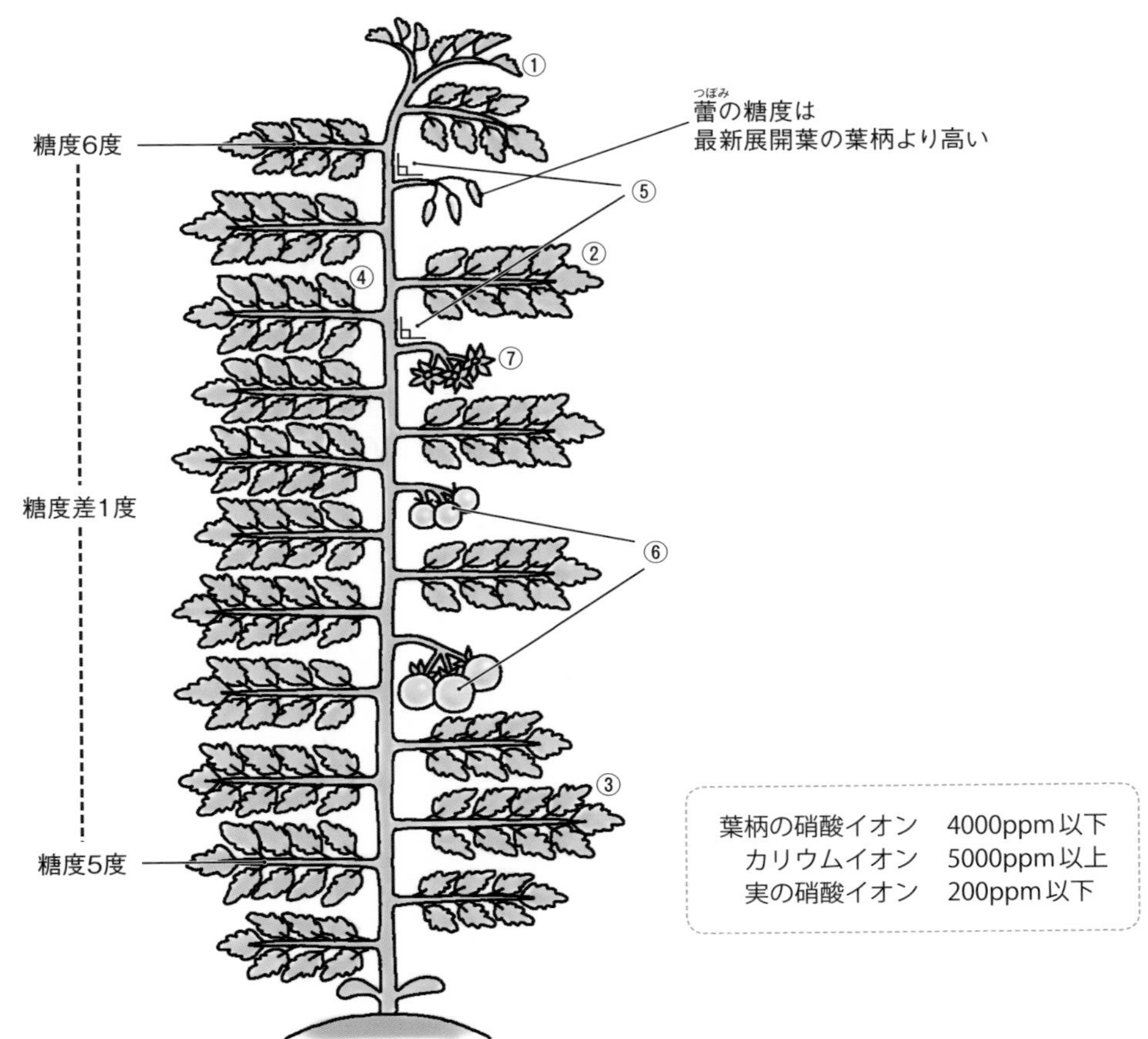

トマトの観察のポイント

診断場所		正常な姿	チッソ過多（徒長）の姿
①	生長点	午後は横を向く	真上を向いている
②	上位の葉	葉全体が小さく厚い 葉先はスプーン状 葉は下がらず水平	葉全体が大きく薄い 葉先が逆スプーン状 葉がねじれて垂れる
③	葉の色	濃緑色で照りがある	若竹色で照りがない
④	茎の直径	8～12㎜と細め	太め
⑤	花梗	茎に対して90度で太い	茎に対して鋭角で細い
⑥	果房	果房が同じ方向に出る 果房が飛ばない	果房が出る方向が定まらない 果房が飛ぶ
⑦	花	大玉は花びらが6～7枚 ミニトマトは花びらが5枚	大玉は花びら5枚が多い 花びらが異常に上向きに反り返る

生長点

生長点が午後からは横を向き、花梗が上を向く（白矢印）

生長点が真上を向いたままで、花梗が横向きにつく

よい土とは、水はけがよく、水持ちもよい団粒化した土壌です。このような土をつくる方法の一つとして土壌の「還元消毒」があります。還元消毒は、土壌中の未熟有機物を太陽熱を利用して急速発酵させることです。このときに発生するアンモニアガスなどの還元物質がセンチュウ・病害菌などを死滅させます。また、枯草菌類が繁殖するときに単粒構造を団粒構造に変えてくれます。夏場のハウスなら1カ月ほどの短期間でできるのでおすすめです。

また、定植時に深植えをしないことも大切です。深植えすると不定根が出て直根の伸びが悪くなったり、正常な根の毛細根が減ってしまいます。

次は、トマトの果実の診断と生育期間途中の管理について紹介します。

○

葉全体が30cmほどと小さく厚い。葉先はスプーン状、
葉は下がらず水平

葉

×

葉全体が大きく薄い。葉先は逆スプーン状、
葉がねじれて垂れる

○

茎に対して90度で太い

花梗

×

茎に対して鋭角で細い

大玉。低硝酸トマトは細胞の分裂と肥大がバランスよく進むため、ベースグリーンが濃い

同じく大玉だが、細胞肥大が極端に進んだためベースグリーンが薄い。硝酸過剰により植物ホルモンのバランスが乱れているとわかる

果実を見る

▼肥大途中の色

まず肥大途中の果実を見ます。硝酸過剰の株では、ベースグリーンが薄くなります。これは硝酸過剰により、オーキシンとジベレリンの活性だけが高まるためです。細胞の伸長を促進し、細胞が肥大します。植物ホルモンのバランスがとれた正常な株では、細胞の肥大と分裂が同時に進むので細胞が締まり濃い緑になります。

▼ヘタ（ガク片）の枚数と間隔

ガク片は、大玉なら6～7枚、中玉やミニなら5枚が適正です。またガク片の間隔は均等になっているのが理想的です。硝酸過剰になると植物ホルモンのバランスが乱れ、ガク片の枚数が増減し、間隔もバラバラになります。

▼果形と着色

大玉の場合、正常な果実は尻部がややとがり（品種にもよる）、深い紅色になります。尻部からは白いスジが放射状に出ます。白いスジを顕微鏡で見ると乾いた維管束でした。低硝酸・高左が糖度6、右が糖度8の大玉トマト。右は尻部がややとがり、白いスジが放射状に出ている。低硝酸・高糖度のトマトは細胞が締まり気味になるので、玉全体も締まり尻部がややとがる

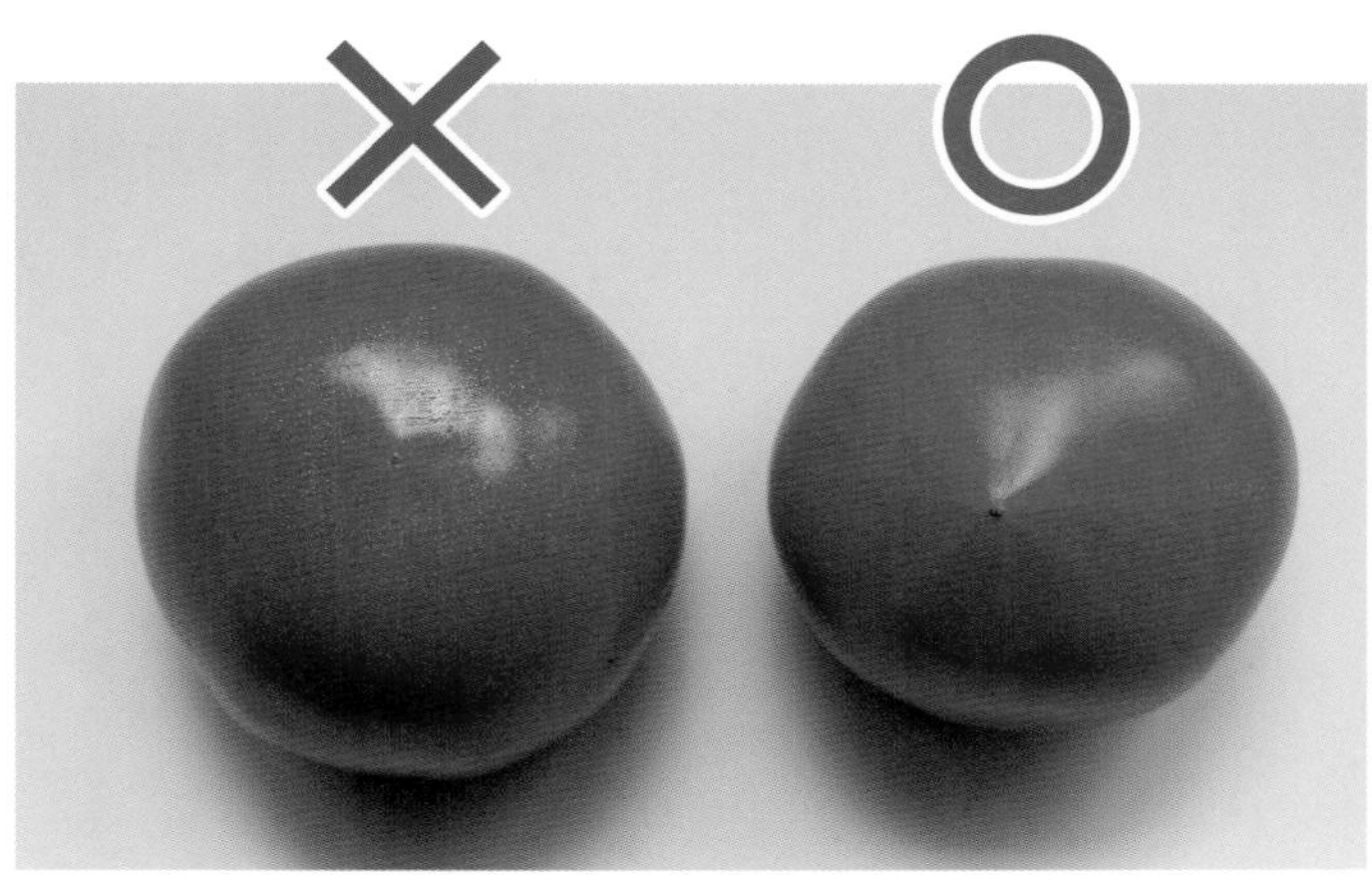

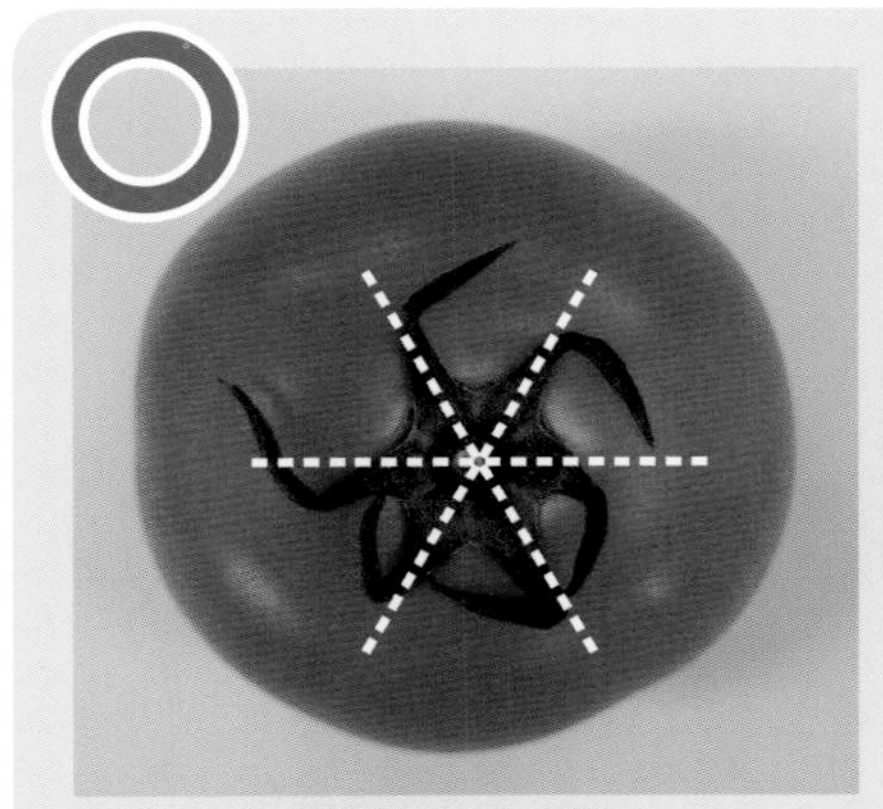

大玉トマト。ガク片は6～7枚で、間隔は均等に開く

ミニトマト。低硝酸・高糖度なミニトマトのガク片は5枚で大きく、先端が反り返る。間隔も均等。果形は肩部分が張り、全体がぷっくりと丸い

糖度トマトは、葉からの同化養分を送る篩管（維管束に含まれる）がしっかり発達します。その末端が、適度な水分ストレスにより乾燥して白く枯死したものといわれています。

中玉やミニの場合、尻部がとがることはありません。ぷっくりと丸いのが理想の果形です。着色後もヘタ部分にはっきりとした深緑色（グリーンバック）が残るのは硝酸過剰気味です。

硝酸が少ないトマトをつくるには

硝酸過剰になると、カルシウム欠乏の症状である尻腐れやガク枯れが出やすくなります。硝酸過剰で増えるシュウ酸を中和するために、カルシウムが使われてしまうからです。また、植物ホルモンのエチレンの生成が阻害され、さまざまな病気にかかりやすくなります。

硝酸過剰の主な原因は、6ページで紹介したとおり、チッソのやりすぎと根の数不足です。「みずほの村市場」の生産者には、元肥はチッソで10ａ5

～10kg、土壌診断の結果によっては無チッソでスタートするようアドバイスしています。

生育途中では、着果過多（大玉なら1果房600g程度が限界）や多かん水に注意します。株元の水分が多いと根酸が薄まりミネラル吸収が悪くなります。また水分が多いと硝酸が吸われやすくなりますので、かん水量は必要最低限にし、かん水チューブは株元から30cm以上離して設置します。

応急措置としては、過剰な硝酸を消化する葉面散布剤「シャングー」（土微研）の散布を勧めています。

コラム● 生育診断と植物ホルモン

植物ホルモンとは、植物自身がつくり出し、ごくわずかな量で生長に影響を及ぼすものです。硝酸過剰のときに現われる植物の変化には、この植物ホルモンが関わっています。本書でも「硝酸過剰でジベレリン活性が高まると徒長しやすい」などと書いていますが、どういうことなのか、一度まとめてみます。

植物ホルモンには多くの種類があり、その作用も多様です。なかでも生育診断と関係が深いのは「ジベレリン」「オーキシン」「サイトカイニン」の三つで、それぞれの主な生成場所と作用は次ページの表のとおりです。

どれも重要なホルモンで欠くことはできませんが、簡単にいうと硝酸過剰になり、ジベレリンやオーキシンの活性が高くなりすぎると栄養生長に傾いて徒長しやすくなります。

サイトカイニンは主に根の先端で生成されるホルモンなので、チッソの過剰施肥により根量が減ったり根傷みが発生すると生成が減ります。細根量を増やし、根傷みさせない栽培をすることが、適正なホルモンバランスを維持する秘訣といえます。

また、この三つはいずれも生長促進ホルモンですが、反対に生長を抑制するホルモンが「アブシジン酸」や「エチレン」です。

アブシジン酸は、別名ストレスホルモンと呼ばれ、乾燥などのストレス条件で増加し、比較的古い葉で生成されます。うどんこ病などで生育が止まるのは、病気のストレスで増加したアブシジン酸が生長を抑制するためです。病気にかかった葉を早めに取り除くことで、順調な生育を促します。

エチレンは唯一気体の植物ホルモンで、すべての組織で生成されます。エチレンは生成が盛んになると植物内で代謝され、殺菌力の強い「酸化エチレン」に変化します。いわば植物の自己免疫ですが、すでに書いたとおり硝酸過剰になるとエチレンの生成は阻害されて、病原菌に侵されやすくなってしまいます。

3 つの生長促進ホルモンとその特徴

名称	主な生成場所	主な作用	細胞の生長（イメージ）
オーキシン （硝酸過剰で生成が高まる）	生長点	茎の伸長を促進（細胞肥大を伴う） 発根の伸長促進 頂芽優勢　など	細胞肥大
ジベレリン （硝酸過剰で生成が高まる）	生長点 若い葉	茎の伸長を促進 （細胞長軸方向に肥大促進） 種子の発芽を促進 単為結果促進　など	長軸方向に 肥大
サイトカイニン （根傷み・根数不足で生成が減る）	根の先端	細胞分裂を促進 老化を抑制 気孔を開く 側枝生育促進（頂芽優勢の打破）など	細胞分裂で 生長

硝酸過剰による症状と植物ホルモン（生長促進ホルモン）の関係

節間・生長点が細く伸びる

ジベレリン活性だけが強く、細胞数は変わらないまま、細胞が縦に長く伸びることによって起きる（徒長した状態）。オーキシンとジベレリンの両方の活性が強い場合は太めに伸びながら徒長

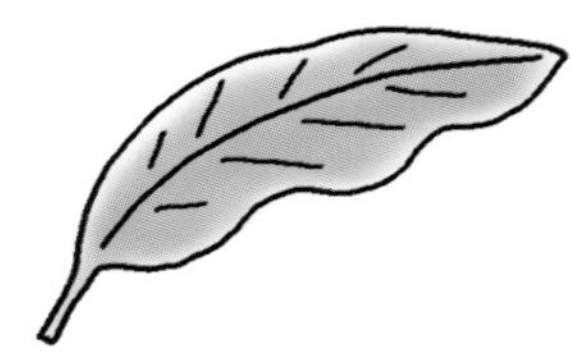

葉の縁が波打つ

ジベレリン活性が強く、葉の縁の新しい細胞が肥大することによって起きる

キュウリ

●ウリ科

水平に展開した葉。縁も波打っておらず健全な生育

縁が波打ってしまった葉。硝酸過剰でジベレリン活性が高まり細胞が肥大しすぎているのが原因

キュウリも他の果菜類と同様に、栄養生長と生殖生長のバランスで品質と収量が決まります。栄養生長に傾きすぎ、硝酸過剰になっているとククルビタシンというウリ科特有の苦み成分を生じたりすることもあります。特にヘタの部分は渋みが強くなります。

一方、低硝酸で健全に生育したキュウリはヘタの部分にも甘みがあり、常温で放置しても腐敗せずに萎びるだけです。最高の出来になると比重が重く水に沈みます。

以下、キュウリの栄養生長と生殖生長の見方を紹介します。

葉・巻きひげを見る

まずは葉を観察します。ハウスに入ったとき、全体的に葉が水平に展開していればＯＫです。１枚１枚の展開葉を見ると、切れ込みが深く照りがあり、コンパクトで厚みがあるのがよい状態です。細胞分裂を促進するサイトカイニン活性が高く、充実した葉の証です。逆に、葉っぱが垂れ、大きく薄い葉はジベレリン活性が高く徒長気味

生長点付近の巻きひげがピーンと立つ

生育バランスのいい雌花。花は鮮やかな黄色で子房はまっすぐで太さもほぼ同じ。長さは4㎝ほど

栄養生長に傾きすぎている雌花。花は薄黄色で子房（キュウリ）は曲がり、長さは3㎝ほどしかない

キュウリの観察のポイント

	正常な姿	チッソ過多の姿
生長点付近の葉	黄緑色 照りがある 巻きひげが立つ（古葉との糖度差2度）	古葉や成葉と同じ濃緑色 くすんでいる
展開葉の様子	葉の切れ込みが深く、コンパクトで厚い 水平	葉の切れ込みが浅く、大きく薄い 垂れる（露地で低夜温15℃以下でも）
展開葉の色	鮮緑色で照りがある	濃緑色で照りがない
展開葉の縁	平ら	波打つ
葉の発生角度（葉序）	144度で展開し、1枚目と6枚目が重なる	144度で展開していない
葉柄の長さ	短い	長い
節間	詰まっている（10㎝以内）	伸びすぎ（10㎝以上）
花の色	鮮黄色	薄黄色
雌花の開花位置	生長点直下の展開葉から数えて5節目辺りか、その上	生長点直下の展開葉から数えて5節目より下
開花時の子房の長さ（品種間差あり）	3.5㎝以上、理想は4㎝以上	3㎝以下
実の姿	太さが揃っている実が多い	先細り果や曲がり果が多い

整枝と誘引のポイント

●摘心（ピンチ）栽培

最初の子づるは6～7節目から上のものを使う。子づるは1節残して摘心し、1果どり。孫づるの摘心は、節間が10㎝以内であれば「株に体力が残っている」と判断し、2果どり（それ以外は1果どり）する。

ただし、一度の作業で摘むのは1株当たり2芽まで。子づるや孫づるはすべて摘心せず、それぞれ3本以上は残し、生殖生長と栄養生長のバランスをとる。

摘心した側枝の先端が垂れ下がると養分の転流が弱まり、花の糖度が低下。誘引は小まめにする。

●つる下げ栽培

子づる4本は、下部7節目までから取る。つる下ろし作業に労力がかかるが、収穫量が安定して、果形の揃いや秀品率がよくなる。

低硝酸のおいしいキュウリの姿

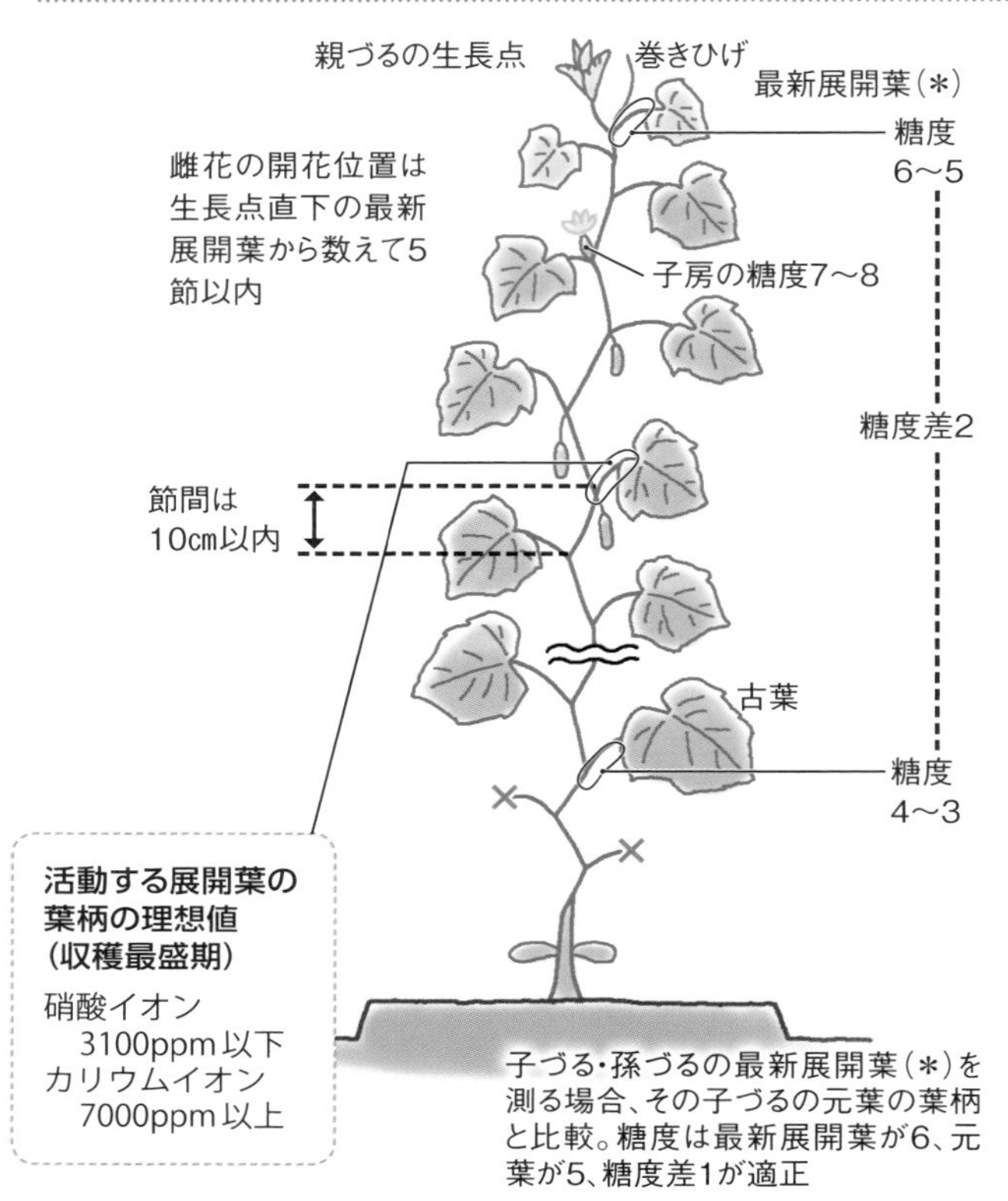

＊最新展開葉を取ると生育に影響するので、葉のすぐ上の巻きひげの糖度を測定。巻きひげの糖度プラス１が最新展開葉の糖度

になっています。縁が波打ったようになるのも硝酸過剰の特徴で、葉色は濃緑色で照りもあまりありません。

支柱などに巻きついて株を支える巻きひげも観察ポイントです。朝、生長点付近の巻きひげが元気よく立っているのが健康な株です。

雌花・果実を見る

雌花はまず開花位置を確認します。生長点直下の展開葉から数えて5節目より下で開花している場合は、栄養生長気味です。そういう花は薄い黄色をしています。このときに子房（キュウリ）が曲がっていると、そのまま曲がり果になってしまいます。

開花時の子房の長さは、品種によっても差がありますが、3・5㎝以上あるのが望ましいです。

収穫した果実では、トゲに注目します。トゲが中央部分に多く、はっきりと飛び出ているものほど低硝酸でおいしいキュウリです。

表面のトゲが中央部に多く、ハッキリ飛び出している

低硝酸のおいしいキュウリ。ヘタから先端まで太さ・色がほぼ同じでまっすぐ。硝酸過剰のキュウリはヘタ部の緑が異常に濃く苦みがある

低温でじっくり発芽

高品質のキュウリを安定して収穫できるかどうかは、育苗と定植から1カ月の根の張らせ方でほぼ決まってしまいます。

育苗については他のところでも紹介しましたが、いかに毛細根の多い苗をつくるかが勝負です。それには、播種前の浸種、温床の温度設定、気温・水管理などが重要になります。

簡単に取り組めるのは温床の温度。一般的には最低温度を28℃前後の設定にすることが多いですが、これを18～16℃に下げます。発芽まで時間はかかりますが、これだけで毛細根の多い、硝酸過剰になりにくい性質を持たせることができるのです。

定植後も根量を多くし、毛細根を張らせるためには、初期の雌花を取って着果負担を減らします。親づるの5～7節目まで取るのが一般的ですが、10節目まで取りましょう。初期の着果負担が減り、根の数が増えます。

日中は遮光、朝の光を当てる

薄曇りのほうがキュウリの肥大がいいと感じている農家は多いと思います。それはキュウリの光飽和点が5万5000ルクスと、トマト（7万ルクス）などと比べて低いからです。光飽和点より強い光を浴びると呼吸消耗が増え、エネルギーのロスが起こります。夏場の正午頃は12万ルクスになりますので、適度な遮光が必要です。それにより生育もよくなり曲がり果や先細り果も防げます。

ただし、光合成に重要な朝の波長の短い光が十分に当たらないのはマイナスです。遮光は日の出から4時間後くらいに始め、夕方には遮光ネットを開けて、朝の光をたっぷり浴びさせるとよいでしょう。

カボチャ、ズッキーニ

●ウリ科

正常なズッキーニはヘタの切り口が太く、太さが均一で、付け根部分が締まっている。

硝酸過剰なズッキーニは実の先端やヘタの切り口が細い

カボチャにはニホンカボチャやセイヨウカボチャ、ズッキーニなどのペポカボチャがあります。いずれも太く長い根と強い吸肥力が特徴です。

根張りが非常に強いので、特に直播きすると直根は1日に2・5㎝、最終的には深さ2mまで伸びるといわれています。しかし太い側根を多数分岐するため栄養生長が強くなり、つるボケになりがち。メロン（46ページ）と比べ、より樹勢の管理が重要です。毛細根をしっかり発達させて、生殖生長が強く、実の詰まったカボチャをつくりましょう。

浅植えして不定根を出さない

毛細根の多い苗をつくるには、完熟種子を浸種し低温で発芽させます（108ページ参照）。

カボチャやズッキーニは嫌光性種子で、特に低温発芽の場合、光が強いと発芽率が落ちたり異常発芽することがあります。タネの2倍の深さに播き、新聞紙などで覆います。出芽後は17～20℃の水を、朝かけたら夕方に乾く程

正常なカボチャのヘタの切り口は10円玉以上で、ヘタの周りがくぼんでいる。肩はふっくらと張り、腹部がよく膨らんでいる。果皮に淡緑色の斑点模様がハッキリと出る

硝酸過剰なカボチャのヘタの切り口は1円玉サイズで、模様がぼんやりとしている

度株元にかん水します。

仮植えや定植するとき、深植えは禁物。耐乾性が強いので、露地の場合浅く植えて雨で根上がりするくらいのほうが、不定根も出ず深く根が張り、後半まで樹勢を維持できます。

株の黄化は根が張っている証し

定植圃場の水分状態も重要です。水分が多すぎると直根だけが伸びる、根が走った状態になります。若干乾き気味のほうが毛細根は多くなります。畑が湿っていたら、ロータリをかけてしばらく放置し、水分が抜けてからマルチを張ります。

苗はドブ漬けして十分吸水させてから定植します。定植後、株元に根じめのかん水を活着まで数回。その際、発根剤を混ぜるのも有効です。

どんな作物でも定植後、子葉と本葉が黄化することがあります。しかし心配はいりません。この時期は地上部よりも、根をしっかり張る時期。定植後に液肥を施すと地上部ばかり育ち、肝心な根の張りが弱くなります。毛細根を育てるなら、黄化したほうがむしろよいのです。

カボチャの観察のポイント

（地這い栽培の場合、葉の形は品種による）

	正常な姿	チッソ過多の姿
生長点付近の葉	黄緑色 照りがある	古葉と同じ濃緑色 くすんでいる
つる先（生長点）の角度（開花時）	斜め45度～30度程度	垂直に立つ
展開葉の様子	葉先が立つ 葉の切れ込みが深く、コンパクトで厚み	葉先が垂れる 葉の切れ込みが浅く、大きく薄い
展開葉の色	照りがある	濃緑色で照りがない
展開葉の縁	平らで波打たない じょうご状	凸凹波打つ 部分的に凸凹
葉柄の長さ	短い	長い
花の色	鮮黄色	薄黄色

ズッキーニの観察のポイント（葉の形や模様は品種による）

	正常な姿	チッソ過多の姿
展開葉の様子	葉の切れ込みが深い	葉の切れ込みが浅い
上位葉の様子	上位葉の先端が 上向き	上位葉の先端が 下向き

葉の切れ込みが深い

ズッキーニ

葉の切れ込みが浅い

うどんこ病にはカリの葉面散布

カボチャも少チッソが基本です。反収4・3tの場合、チッソ20・5kg、リン酸6・9kg、カリ25・1kgを吸収するといわれています。

施肥量は元肥ではチッソ成分で5kg以下。特に地力チッソの分解が進む5月以降に定植する場合は、3kg以下でも十分です。

カボチャは2番果をとるのに樹勢が維持できないときだけごく少量追肥しますが、その場合もカリのみで大丈夫なことが多いです。土壌pHが6・5よりも低ければ重炭酸カリ、高ければ硫酸カリなどを生育に適したpHを保ちながら追肥します。

一方ズッキーニは連続して収穫するので元肥は5～10kgと少し多めにして、追肥も必要です。生長点近くに花が咲いたら、チッソまたはカリ不足の証拠。生体分析をして硝酸過剰の場合は、カリのみ追肥します。

カボチャやズッキーニに生育後半うどんこ病が多いのは、実の肥大に葉内のカリが使われるから。カリ不足と硝酸過剰による酸性体質が原因なので、カリを葉面散布して予防できます。

雌花を取ると雄花が咲く

促成栽培でハチなどの訪花昆虫がまだ少ない場合は人工受粉します。花粉の発芽力は時間とともに低下するので、早朝8時までに受粉します。

雌雄の発現はオーキシン／ジベレリン比で決まり、ジベレリン活性が強いと雄花が咲きやすくなります。ズッキーニは初期の雌花が少ない品種もあります。生殖生長に傾ける雌花を幼果ごと除去すると、雄花が早くついてきます。

倒伏の早期回復にはカリと尿素

カボチャは側枝の生育が旺盛です。伸びすぎてから一度に整枝すると、樹勢低下や落花の原因になるので小さい

雌花の開花時。つる先（生長点）の角度は30～45度。葉の切れ込みが深く、葉先が立っている

カボチャ

つる先が垂直に立っている。葉の切れ込みが浅く、葉先は垂れて照りがない

果実の目標値

	イオン濃度(ppm)		糖度
	硝酸	カリ	実全体
カボチャ	300以下	6000以上	12以上
ズッキーニ	800以下	4000以上	5以上

数値は季節や品種によって変動する

生育ステージ別のイオン濃度と糖度の理想値

	イオン濃度(ppm)		糖度	
	硝酸	カリ	生長点	最下葉
雌花の開花期	3000	5500	5	3
肥大期	2600	6000	6	4
収穫期（カボチャ）	2000	4500	4.5	2.5
収穫期（ズッキーニ）	3000	6000	5	3

健全な株の生長点と最下葉の糖度差は2程度。2.5以上開いている場合は栄養生長。ズッキーニは未熟果を収穫し続けるため、収穫期もカボチャほど糖度が下がらない。イオン濃度はどちらも展開葉を測定する。生長点の糖度は、カボチャは付近の巻きひげを測定し1足した値、ズッキーニは付近の展開葉を測定した値

うちに2本程度ずつ整枝します。

1番果には12～15節についた花を残し、小玉や変形果になりやすい低い節についた花は摘花します。

ズッキーニは整枝の必要はありませんが、古い葉をそのままにしておくとアブシジン酸が増え老化が進みます。養分のある葉柄は残して、下葉から摘葉していきます。

台風などで折れないようにヒモなどで茎を吊ります。しかし、倒伏したり葉が傷ついた場合でも、生長点が残れば復活します。雨でカリが流亡するので葉面散布で補います（119ページ参照）。同時に尿素を500倍で混用すると、生長点の糖度が上がり回復を早めることができます。

遅出しは直播きがおすすめ

冬至に出荷できるように関東以北で抑制栽培するときは直播きします。移植栽培よりも太い根が長く伸びて栄養生長傾向が強くなるため、より生育が早まります。ただしジベレリン活性が強くなりがちなので、チッソ肥料はさらに控えるか無肥料でもよいでしょう。その後、生殖生長に転換できれば霜の前に収穫できます。

スイカ

●ウリ科

葉先が立っている

葉先が立たずに垂れている

理想はタネが散らばったスイカ

おいしいスイカは、果皮に近いところまでタネが散らばっています。一般的にスイカは中心部が一番甘いですが、タネの周りの糖度は中心部と同じくらいあり、広い範囲にタネがあるスイカほど全体が甘いのです。

そのようなスイカは開花時の子房の糖度が8以上あることが多いです。これは毛細根の数が多く、バランスよく栄養を吸収して健全に生育したためです。毛細根の数が多くなるか、少なくなるかは、定植後2週間ほどの根の張らせ方で決まります。そのため後半で紹介する低温浸種や低温発芽、少チッソ栽培といった、初期に毛細根を増やす栽培が大切です。

毛細根の重要性は本連載で何度か強調してきましたが、ここで再確認します。毛細根の働きは主に二つあり、一つはミネラル類（カルシウム、マグネシウム、カリウム、その他微量要素など）を吸収すること。太い根は主に水とチッソを浸透圧で吸収しますが、ミ

厚みがありコンパクトな葉。葉先はとがり気味で切れ込みが深い。切れ込みが深い葉の作物は光合成能力が高く少チッソ栽培に向く

生長点の角度が45度程度。糖度5で適正

生長点が垂直に近く立つ。糖度7で高すぎ

スイカの観察のポイント

	正常な姿	チッソ過多の姿
生長点付近の葉	黄緑色 照りがある	古葉と同じ濃緑色 くすんでいる
つる先（生長点）の角度（開花時）	斜め45度程度 生長点の糖度が適正（5度）	垂直に立っている 生長点の糖度が高い（7度）
展開葉の様子	葉の切れ込みが深く、コンパクトで厚みがある 葉先が立ち、とがり気味	葉の切れ込みが浅く、大きく薄い 葉先が垂れ、丸い
展開葉の色	照りがある	濃緑色で照りがない
葉柄の長さ	短い	長い
節間	8㎝以内に詰まっている	8㎝以上伸びている
花の色	鮮やかな黄色	薄黄色

ネラルは毛細根でイオン交換により吸収されます。そのため毛細根の数が多いほど、生殖生長傾向が強くなり、低硝酸の野菜ができます。

二つ目は、細胞分裂を促す植物ホルモンのサイトカイニンがつくられること。毛細根が多いほど細胞分裂が促進され徒長しにくく、細胞数の多いしっかり実の詰まったスイカができるのです。

生育ステージ別のイオン濃度と糖度の理想値

	展開葉（活動葉）のイオン濃度（ppm）		糖度	
	硝酸	カリ	生長点	最古葉
育苗期	450以下	3500以上	4.5	3.5
定植〜子づる伸長期	1100以下	5000以上	5	3
雌花開花〜着果期	1400以下	6000以上	5	3
着果期	1600以下	7000以上	6.5	4.5
肥大期	1800以下	8000以上	7	5
成熟期	1100以下	5000以上	5.5	4.5
収穫期	450以下	4000以上	4	3

スイカは生育ステージによって目標となる糖度や硝酸・カリ濃度が変わる。理想的に生育している場合、生長点と古葉の糖度差は２程度。雌花開花期は、生長点５：最古葉３が理想で、そのとき子房の糖度は８〜10。生長点（最新展開葉）を測定する際は、生長点に近い巻きひげの糖度を測定し、その糖度プラス１を生長点の糖度とする。子房の糖度は摘果するものの果汁を絞って測る

スイカの実の目標値

硝酸イオン	100ppm以下
カリウムイオン	2000ppm以上
糖度	12以上（実全体） 14以上（中心部、タネ周辺）

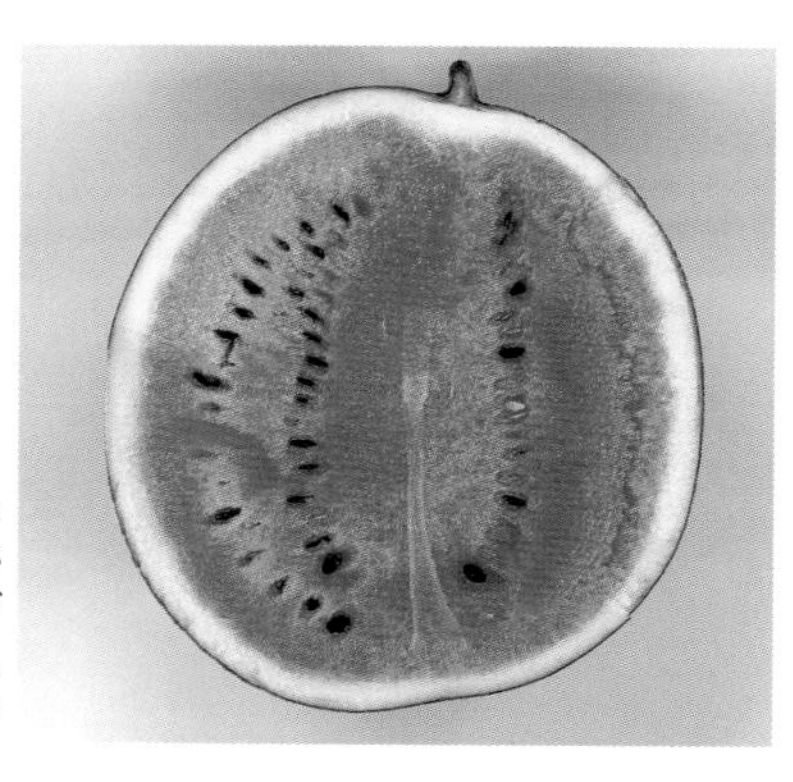

変形果だが、よく肥大している左はタネが散らばっており糖度も12と高い。一方タネが少ない右は糖度10.5。硝酸の値は左39ppm、右が55ppm。カリは左1200ppm、右1000ppm。タネが散らばった左側のほうが低硝酸でおいしい

葉・生長点を見る

スイカの観察ポイントは、葉と生長点です。まず理想的な葉の特徴は、葉先がとがり気味で切れ込みが深い。コンパクトで厚み、照りがある。葉柄は葉より短い。そして葉先は立っています。

栄養生長傾向が強いと細胞が徒長気味となり、薄くコシがなくなるので葉先が垂れてしまいます。

生長点では、葉の色とつるの先端の浮き方・角度を見ます。色は古い葉より淡い黄緑色で、照りもあります。つるの先端は45度程度立つのが理想です。生長点から数えて3枚目の葉まで浮くくらいがいいでしょう。栄養生長傾向が強いと先端は垂直に近く立ち、雌花がつきにくくなってしまいます。

生殖生長傾向で生育すると、つるの節間は8㎝以内に詰まり、薄黄色ではなく鮮やかな黄色の花が咲きます。

遮光で日焼け果を防ぐ

硝酸過剰にならないようにするのが

大前提ですが、花の糖度が低かったり、硝酸過剰で栄養生長傾向が強くなってしまったときは、管理の見直しと葉面散布で対処します。

スイカは南アフリカ原産といわれ比較的高温に強い作物です。しかし、毛細根が少なく硝酸過剰になると、シュウ酸が生成されやすくなり、葉先や果実表面にシュウ酸が集積。葉焼けや日焼け果を引き起こしやすくなります。これを防ぐ方法は真夏の遮光。トンネル栽培の場合、押さえのマイカー線とビニールの間に黒色マルチを挟むと簡単に遮光ができます。スイカの光飽和点は8万ルクスで比較的強い光が必要ですが、夏場は12万ルクス以上あるので生育停滞はしません。

葉面散布による応急処置としては硝酸を消化させる「シャングー」（1000倍）やカリ濃度を高める「K－40」（500～1000倍）を使います。

栄養生長になってしまう原因が、土壌や根にある場合は原因によって以下のとおり対処します。

原因❶ 未熟有機物によるガス害、根傷み……「再活DF」（500～2000倍）をベッドにかん注またはかん水

原因❷ 毛細根不足（根酸不足）によるミネラル不足……「根酸」10a当たり1kgを水に溶かし、かん水

毛細根を増やす定植前の作業

▼大きい種子を選別

スイカの種子は大きく重い完熟種子を選びます。種子の栄養分である胚の割合が大きく発育良好になります。小粒の種子は黒く着色していても、胚は小さく生育不良になります。

▼5℃の水で低温浸種

浸種をすると、種子内のデンプンが水により糖化され、発根に多くのエネルギーを使うことができ、発根量が増加、初期の毛細根が増えます。種子内の発芽抑制物質（アブシジン酸）も解除されるので、発芽率も向上します。

特にスイカの場合は低温浸種が向いています。冷蔵庫内で5℃前後の水に7日以上浸けて吸水処理。乾いた布で水気を取り、表皮が乾く程度に日陰で乾燥させてからすぐに播種します。浸種後、シャングーの500倍液に15～30分浸けてから播種すると、最初の発根の量がより多くなります。

▼17℃で低温発芽

発芽が揃いやすい高温発芽（28～30℃）が一般的ですが、根数は少なく、子葉が大きくなり、徒長気味の素質を持ってしまいます。温床の設定温度は17℃（スイカの根毛の伸長最低温度は14℃）で1週間くらいかけてゆっくり発芽させるのが理想です。

発芽後は20～25℃の冷たくない水でかん水し、根毛の伸長を助けます。

▼元肥チッソは10a5kg以下

施肥量は少なめが基本です。スイカのように切れ込みが深い葉を持つ植物は光合成効率がよく、もともとチッソを多量に必要としません。元肥はチッソ成分で10a5kg以下が基本です。ミネラルは石灰、苦土、カリのバランスを考慮した上でカリを多めにします。

メロン

●ウリ科

つる先が垂直に立っている。糖度は生長点が7度、最下葉が4度で差が開きすぎている

雌花の開花時。つる先（生長点）の角度は30～45度。糖度は生長点が5度、最下葉3度が適正な糖度差。葉先が立っている

メロンの機能性が注目されています。血圧を下げるカリウムやコレステロール値を抑えるペクチンに加え、ストレス軽減効果があるGABA（ギャバ）が品質のよいメロンには多く含まれることが最近わかったからです。

定植後2週間の根量で決まる

メロンの品質は花が咲く頃にはほぼ決まっています。雌花の開花期に摘果する子房の糖度を測り、8度以上になることを目指します。

実が締まったメロンになるか、発酵果になりやすいメロンになるか、それは播種から定植後2週間ほどの根の張らせ方にかかっています。

毛細根はミネラル類を、太い根は水とチッソを吸収し、毛細根を増やす管理をすれば硝酸過剰になりにくく、生殖生長が強くなるのです。また細胞分裂を促すサイトカイニンの合成量が増え、細胞数が多く実がしっかり詰まったメロンができます。

葉

葉の切れ込みが深く、厚みと照りがある

葉の縁が部分的にちぢみホウレンソウのように盛り上がっていて、色が濃い

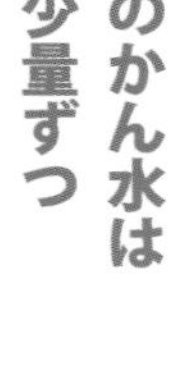

出芽後のかん水は株元に少量ずつ

毛細根の多い苗をつくるには、タネは大きく重い完熟種子を選びます（108ページ参照）。冷蔵庫内で4日以上吸水させたら乾いた布で水気を取り、表皮が乾く程度に日陰で乾燥させてすぐに播種。温床は17℃に設定して乾かない程度の水をやり、1週間くらいかけてゆっくり発芽させます。

発芽トレイや鉢上げポット用の培土は肥料濃度が低く、酸欠にならないように排水性のよいものを選びます。ピートモスの割合が多い市販の培土には、赤土を半分ほど混ぜるとよいでしょう。

出芽後のかん水は控えめに。ポットに鉢上げしたら、朝かけて夕方には乾く程度の水を株元に少量ずつやります。ポットの底穴から出るほどかん水すると、根巻き状態の徒長苗になってしまいます。また冷水は毛細根の生長を抑制するので、18～20℃の水を使います。

仮植えや定植するとき、深植えは禁物です。不定根が出て直根の伸びが悪くなり、正常な毛細根が減ってしまう

メロンの観察のポイント（地這い栽培の場合、葉の形は品種による）

	正常な姿	チッソ過多の姿
生長点付近の葉	黄緑色 照りがある	古葉と同じ濃緑色 照りがなく、くすんでいる
つる先（生長点）の角度（開花時）	斜め45度～ 30度程度 生長点の糖度が適正（5度）	垂直に立つ 生長点の糖度が高い（7度）
展開葉の様子	葉先が立つ 葉の切れ込みが深く、コンパクトで厚みがある	葉先が垂れる 葉の切れ込みが浅く、大きく薄い
展開葉の色	照りがある	濃緑色で照りがない
展開葉の縁	平らで波打たない じょうご状	凸凹波打つか、波打ち気味 溢液が乾いた後が白く残る（養分過剰）＊
葉柄の長さ	短い	長い
花の色	鮮黄色	薄黄色

＊成熟期の溢液は土壌水分過剰。ネット系では遅れネットや裂果の恐れ、ノーネット系では色むらの原因

生育ステージ別のイオン濃度と糖度の理想値

	イオン濃度（ppm）		糖度	
	硝酸	カリ	生長点	最下葉
定植～子づる伸長期	1600	4000	5	3
雌花の開花期	2300	4500	5	3
肥大期	2300	6000	6	4
成熟期	1800	4500	6.5	4.5
収穫期	1600	4000	5	3

生長点と最下葉の糖度差が2.5以上開いている場合は栄養生長。雌花の開花期に子房の糖度が生長点より低いと着果しない。1度でも高ければ着果はするが、肥大が悪く糖度も低いので3度以上高いことが理想。生長点の糖度は、付近の巻きひげを測定し1を足した値。子房の糖度は摘果する子房を測り、イオン濃度は展開葉の葉柄を測る

果実の目標値

硝酸イオン	200ppm以下
カリウムイオン	3800ppm以上
糖度	14以上（実全体） 17以上（中心部、タネ周辺）

数値は季節や品種によって変動する

からです。不定根を出すと活着が早く、初期の生育はよくなりますが、後半バテることになります。

少チッソで毛細根を生かす

定植圃場もやはり少チッソ栽培が基本。塩類が多くてEC（塩類濃度の指標）が高いと根が十分に張りません。元肥はチッソ成分で5kg／10a以下にします。メロンはミネラルの要求量が高く、養分吸収量はカリ、石灰、チッソ、リン酸、苦土の順で高いです。当量比で石灰、苦土、カリが5：2：1となり、80％の塩基飽和度を超えないように必要量施肥します。

メロンは他のウリ科作物と比べて、細根の割合が高めです。土壌中の有機物が分解されて出るガスで毛細根がダメージを受けやすいため、前作の残渣や残根はなるべく除きます。

浅く広く根を張りますが、キュウリよりは深根性です。湿害に弱いので、排水性が悪く土壌水分の調整がしにくい畑は避けます。また水分量が多すぎるとメロンの糖度は上がりにくい。排水対策と土壌の団粒構造化は必須です。

側枝の除去は開花まで

メロンはもともと細根が多いためサイトカイニン活性が強く、側枝が盛んに生えがちです。整枝しないと、生長点が増えるためジベレリン活性が強くなり、栄養生長に傾いてやはり品質のよいメロンはできません。

ただし、側枝を除きすぎてはいけません。サイトカイニンやジベレリン活性が弱まり、果実の糖度が低下するなど品質に影響するからです。側枝の除去は開花期まで。生殖生長にうまく転換できれば、肥大期には自然に側枝の発生は止まります。

果実

正常なメロンの花落ち跡は小さい

硝酸過剰なメロンの花落ち跡は1円玉より一回り大きい

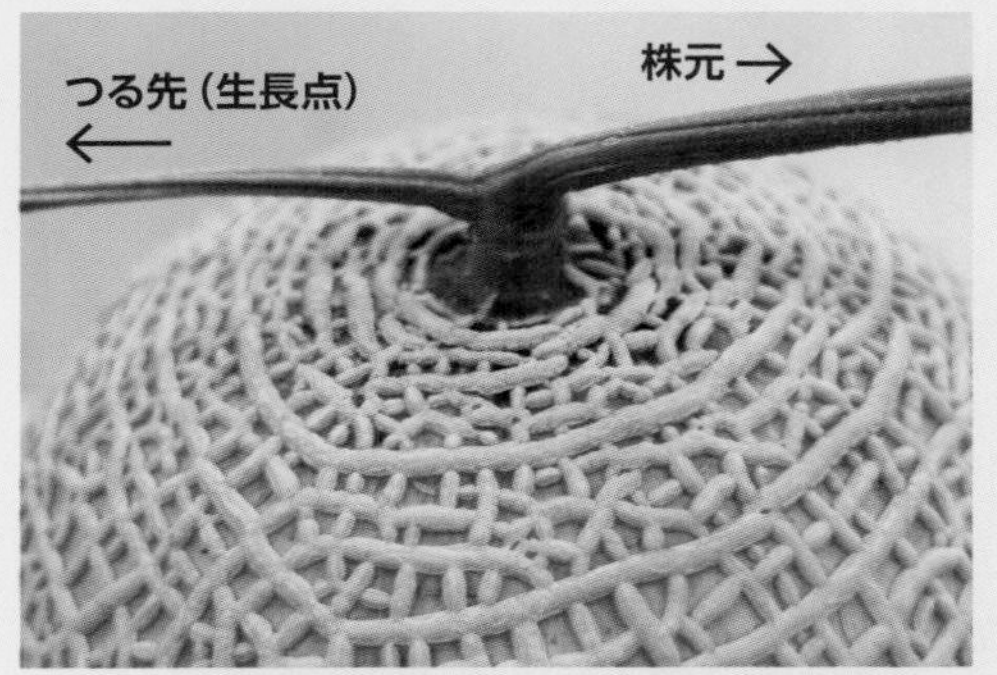

正常なメロンはネットに丸みがあり、付け根に近いほどきめ細かくなる。T字形のつるの太さは左右で違う。収穫期になってもつる先のほうが太いままなのは、果実に養分が転流していない証拠

樹液pHを上げて実へ転流を促す

メロンは収穫期になると生育が止まり、葉の養分のほとんどは実に転流されます。葉色は落ちて実の糖度が上がっていきます。

転流がちゃんと進むかどうかは、樹液のpHを測ればわかります。樹のどこを測っても通常5・5前後の樹液pHは、収穫期には6くらいまで上昇しているのが自然です。しかし植物体内に硝酸態チッソが多く栄養生長だと、樹液pHは下がります。

葉色が落ちない場合、収穫の1週間前にチッソの消化を促進する資材（シャングーなど）を、収穫2～3日前にpHを上げる資材（イオン強化カルシウムなど）を葉面散布します。樹液のpHを上げて、秋が来たと錯覚させ実の転流を促すことができるのです。

硝酸が高いと発酵果になる

発酵果になりやすいかどうかは、硝酸イオンメーターで事前にわかります。摘果する実を測定して硝酸イオンが300ppmを超えているのは発酵果になりやすい証拠。硝酸を消化するようにしてください。

チッソ肥料が多すぎて、ジベレリン活性が強くなり栄養生長に傾くと、草勢は旺盛でも実への転流は弱まります。すると実のカルシウムが不足するため、細胞間の崩壊が早くから進み、発酵果になりやすいようです。

スナップエンドウ、キヌサヤ、インゲン

●マメ科

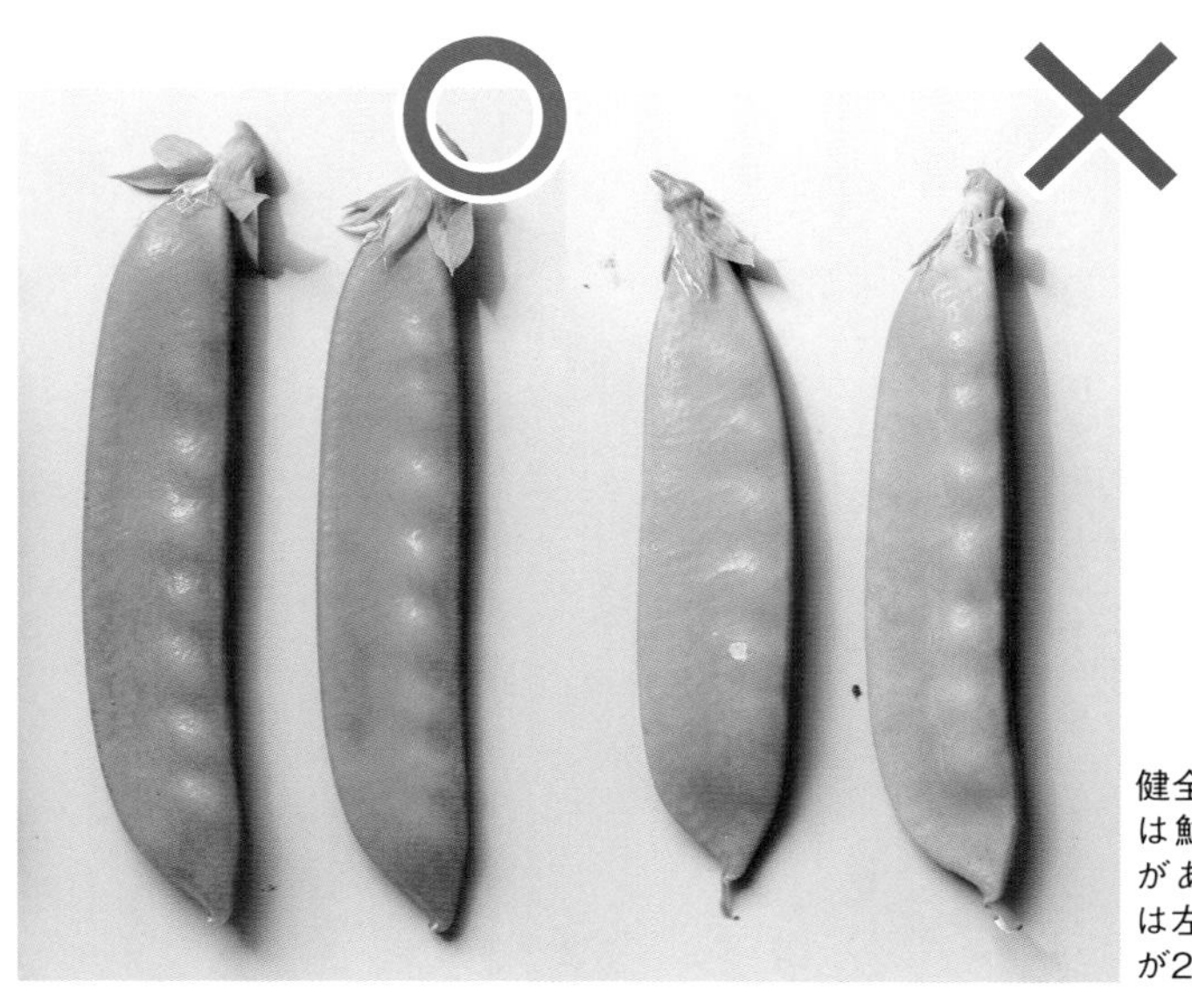

健全なキヌサヤ(左)は鮮黄緑色で光沢がある。硝酸濃度は左が160ppm、右が250ppm

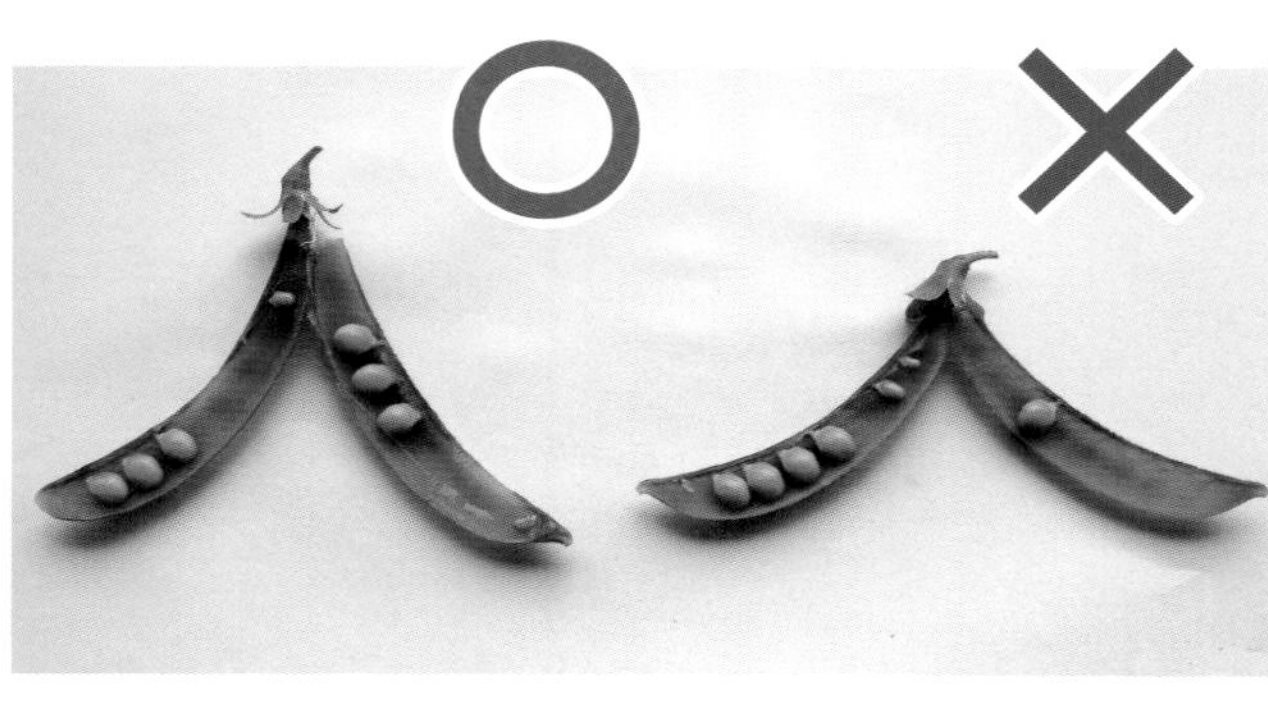

正常なスナップエンドウ(左)の莢は充実粒が多く、硝酸過剰の莢(右)は少ない。硝酸濃度は左が79ppm、右は120ppm

空気の約78%はチッソですが、植物はそのままでは利用できません。しかしマメ科には、根粒菌という空気中のチッソを固定してくれる強力な助っ人がいます。マメ科は少チッソで根粒菌の助けを得るのが栽培のポイントです。

莢の光沢を見る

健全に生育したサヤエンドウ(スナップエンドウやキヌサヤ)とインゲンは、鮮黄緑色で光沢があります。

エンドウでは充実粒が多く、莢が長いもの。インゲンは先端のとがり部が太く、反るように湾曲しているもの、全体がまっすぐでふっくらとしていて、産毛が多いものが健全生育です。どちらも生で食べるとジューシーで、えぐみや渋みがなく、甘みがあります。

1節の莢数を見る

どちらも健全に生育すれば1節に2花ずつ咲き、莢が2個ずつつきます(双莢)。これが、栄養生長と生殖生長のバランスがとれている状態です。

一方、1節に1花しかつかなかった

正常なインゲン（左）は先端のとがり部が湾曲するが、硝酸過剰なインゲン（右）は湾曲せず、果長も短め。硝酸濃度は左が370ppm、右は700ppm

健全なスナップエンドウは莢が二つつく（双莢）

エンドウ、インゲンの観察のポイント

	正常な姿	チッソ過多の姿
花	2花ずつの花が多い	1花ずつの花が多い
実	莢が長いものが多い	莢が短いものが多い
側枝の発生	多い	少ない

り、2花ついても一つ落ちた場合（過繁茂の場合に多い）は単莢と呼びます。

エンドウでは強い栄養生長でつるボケしたり、樹勢が弱く花に栄養が届かない場合（花の糖度が低い）に単莢となります。また、1節（葉腋）から二つの花が咲いて終わるはずが、その先にもう一つか二つ花をつけることがまれにあります。この場合は生殖生長が強い証拠。全体的に生育が鈍り、側枝の生長が抑制されることがあります。

インゲンの場合は、1節に2花ずつ何段も花をつけます。しかし落ちてしまう花も多いため、結莢割合をいかに高めるかで収量が変わります。やはり栄養生長が強いと落花が増え、生殖生長が強すぎると落花は減るものの、株全体の伸長が抑制されます。いずれも、栄養生長と生殖生長のバランスが重要です。

単莢か双莢かで収量が変わるだけでなく、双莢では品質も大きく上がります。また、キヌサヤを「アベックサヤ」として果柄ごと収穫することで、省力化している産地もあります。

増収には側枝の発生も欠かせません。栄養生長に傾きオーキシン活性が強いと頂芽優勢が働き、側枝が発生しにくくなります（糖度計による生育診断の仕方は次ページのとおり）。

糖度計診断（エンドウ）

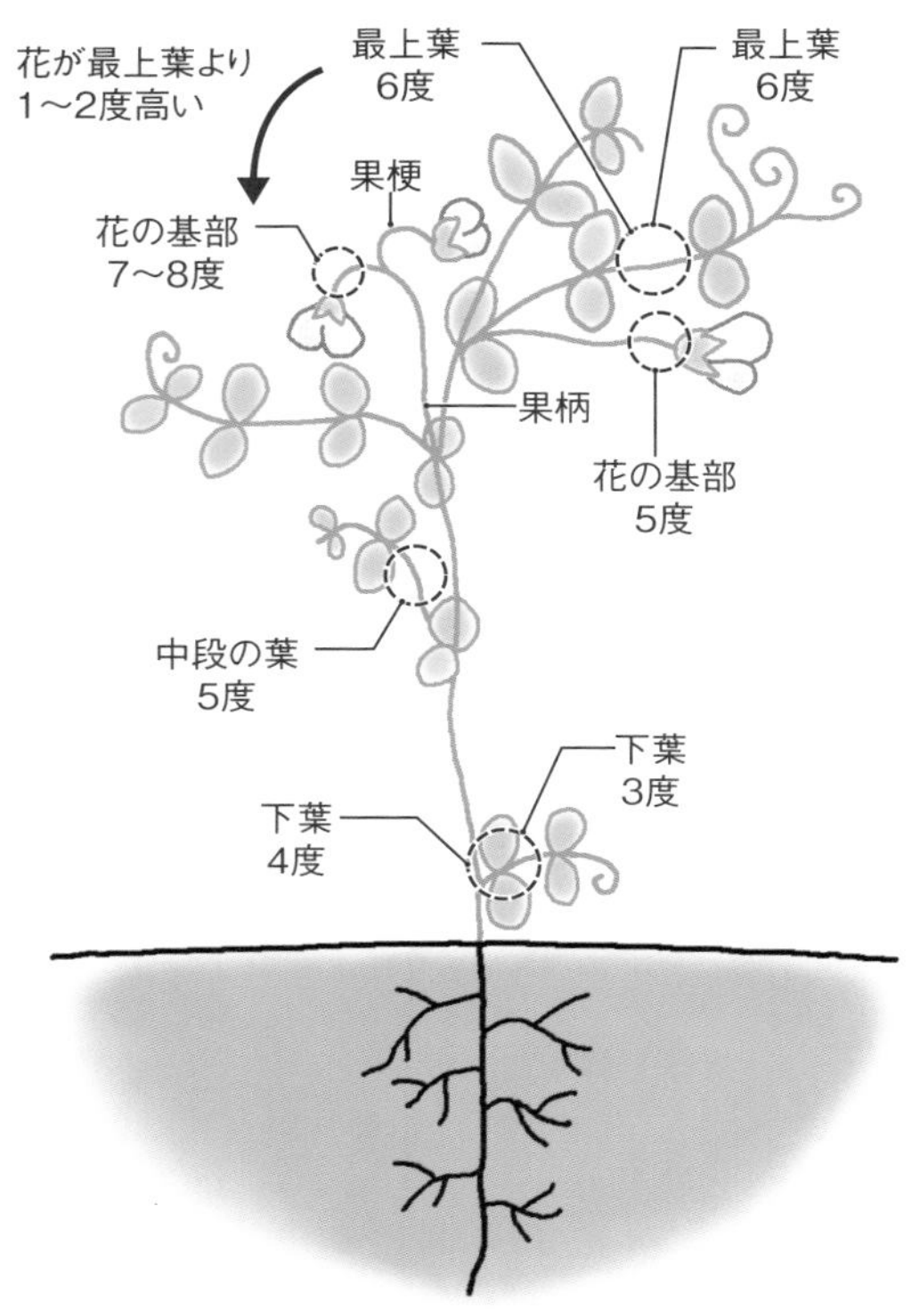

中段の葉と下葉は葉柄を測る。最上葉は生長点付近の展開葉の葉柄もしくは巻きづるを測り、1度足した数値で判断する

・花が最上葉と同じか低い
・最上葉と下葉の糖度差が２度より大きく開いている

落下しやすい
粒の肥大が悪く、粒数も少ない
オーキシン活性が強い

〈生殖生長が強い場合〉

下葉と最上葉の糖度差が１度以内（心止まりの可能性も）

まれに双莢の先にさらに花をつけることもある。ただし枝の伸長は抑制される

一方、品種にもよりますが、サイトカイニン活性が高いと側枝の発生は増えるようです。サイトカイニンは主に根の先端で生成されるので、初期の根張りが重要です。

栽培のポイント

▼タネの浸種は12時間以内

発根量を増やすには浸種と「低温発芽」が有効ですが（108ページ参照）、マメ科の浸種には注意が必要です。胚乳がないマメ科は子葉にデンプンの形で養分を貯蔵するため、水に浸け続けると腐ることがあるのです。水に直接浸すのではなく、濡れタオルなどで包んで冷蔵庫内で浸種します。低温でも子葉が膨らんでタネが割れてしまうので、浸種後12時間ほどで播くようにします。

直根性なので直播きが理想ですが、育苗する場合は大きめのポットやペーパーポットなどを利用します。酸欠予防のため播種後もかん水は控えめにします。

エンドウは0～2℃でも根が伸長す

るので10～15℃でゆっくり発芽させます。夏播きで30℃を超えると種子が腐りやすく発芽率も下がるので、涼しい場所で発芽させ、適切に遮光します。

　インゲンはエンドウより低温に弱く、根の伸長最低温度が14℃なので16～20℃で発芽させます。エンドウ同様、30℃以上にならないようにします。

収穫時の理想値

	硝酸イオン	カリウムイオン	糖度
スナップエンドウ	150ppm以下	2000ppm以上	12以上
キヌサヤ	180ppm以下	2200ppm以上	10以上
インゲン	300ppm以下	3000ppm以上	6以上

生育初期の目標値は、秋播きエンドウの側枝で硝酸1500ppm以下、カリ4000ppm以上。インゲンは硝酸、カリともにエンドウより若干高めで推移する

▼少チッソで根粒菌を殖やす

　エンドウは深根性で根を直下に1mほど伸ばします。側根は短く、根毛がゆっくり生長するので、生育初期は根量が少ないのが特徴です。

　マメ科の根は酸素要求量が大きく、滞水に弱く根腐れを起こしやすいので作付け前にサブソイラーなどで耕盤を破砕し、排水性をよくし、耕土が浅い場合は深耕も必要です。

　根粒菌は好気性菌なので、掘ると比較的浅い部分で根粒が見つかります。活力がある根粒は紅色をしています。根の周辺のチッソ濃度が高いと根毛が減り、根粒が小さく、少なくなります。タネに根粒菌をまぶす資材もありますが、根毛自体が少なければ効果は減ってしまいます。

▼チッソの半分は根粒菌が補う

　マメ科植物では、必要なチッソ量のおよそ1／3～2／3が根粒菌によってまかなわれるといわれています。

　土壌条件や作型、品種によって変わりますが、目安として、エンドウでは元肥チッソ5kg／10a以内で、生育を見て少量ずつ追肥します。収量1t／10aとした場合の養分吸収量はチッソ16～30kg、リン酸5～7kg、カリ12～28kg程度といわれ、根粒菌からの供給と残肥を考えると、チッソ施用量はごく少量で済むことがわかります。

　一方、インゲンに着生する根粒菌はエンドウと種類が異なり、数が少なく根粒の生長が遅いようです。なのでエンドウより少し多めのチッソを施用します。元肥チッソをハウスの場合は5kg以内／10a、露地は5～10kg／10a。生育を見て少量ずつ追肥します。

　カリは実と一緒に失われるため、収穫期に要求量が高まります。カリウムイオンが減り、硝酸イオンが多い酸性体質だとうどんこ病が発生します。生育に応じてカリの追肥や葉面散布が有効です。石灰・苦土・カリのバランスをしっかりとって、土壌のpHは6前後に矯正します。

イチゴ

●バラ科

イチゴの株を真上から見たとき、生長点付近の葉も濃いのは硝酸過剰

正常な株は生長点付近の葉は若竹色で、その他の葉は濃い緑

イチゴの栽培は育苗から本圃での管理・収穫と、1年以上かかります。自分のイチゴが今どのような状態であるのか、そしてこれから半月先、1カ月先をイメージできなければなりません。以下、イチゴの葉や花、実の見方と、硝酸過剰になったときの対策について紹介します。

葉を見る

まず、葉色を見ます。よい状態では、生長点近くの2～3枚は光沢のある若竹色で、それより古い葉のほうが濃く見えます。逆に硝酸過剰で栄養生長に傾きすぎていると、全体的に濃緑色で照りがなくなります。また、生長点近くの新たに展葉した5～6枚までが若竹色の場合は徒長気味です。

次に葉の形・姿を見ます。正常な株は、全体が立体的に見えます。最も古い葉も地面から浮き、芯から4～5枚目の葉の葉柄が45度程度に立つからです。葉には3枚の小葉がありますが、中央の小葉がすっと素直に立ち、左右の小葉の上に重なるのが健全な証拠で

中央の小葉が上に重なる。左右の2枚の小葉の端から端までの長さが20㎝未満

3枚の小葉のうち、中央の小葉が下に重なる

葉水の跡が白く残るのは要注意

朝方に葉の縁に葉水がつくのは根の活性が高い証だが、白い跡が残る場合は塩類過剰（肥料のやりすぎ）。写真のように1株のうち多くの葉で白い葉水跡が見える場合は、生理障害を起こしていることが多く、病気が出たりダニがついたりしやすい

イチゴの観察のポイント

	正常な姿	チッソ過多の姿
生長点近くの展開葉	光沢のある若竹色	濃緑色（新展開葉5～6枚目まで黄緑色の場合は徒長気味）
古い葉	鮮緑色	濃緑色
葉の発生角度（葉序）	144度で展開し、6枚目が1枚目と重なる	6枚目が1枚目と重ならない
葉の発生展開（品種による）	通常8日に1枚	葉の展開が通常より早い
3枚の葉の重なり具合	中の小葉1枚が左右2枚の小葉の上になる	中の小葉1枚が左右2枚の小葉の下になる
葉の大きさと葉柄の長さ（品種による）	3枚葉の下2枚の受け葉の端から端までが20㎝以内、葉柄は18㎝以内	3枚葉の下2枚の受け葉の端から端までが20㎝以上、葉柄は18㎝以上
花弁（花びら）	通常5枚で、受精良好の場合は6枚もある	5枚だが重なっていない
花の咲き具合	花が大きく、上向きのものが多い 花房の頂花が咲いてから最終までの開花期間が短い	花が小さく、上向きのものが少ない 花房の頂花が大きく、咲いてから最終までの開花期間が長い

5枚の花弁が重なり、雌ずいも大きい。高糖度で大果になる花

花弁は5枚あるが小さく重なっていない。低糖度で小さな実になる花

タネまで赤い低硝酸のイチゴ

タネが黄色。硝酸過剰のイチゴ

収穫期の理想値

	葉柄	イチゴの実全体
硝酸イオン	1100ppm以下	100ppm以下
カリウムイオン	5000ppm以上	2000ppm以上

す。根傷みなどで根の活性が弱まった株では、根の先端でつくられる植物ホルモンのサイトカイニンが少なくなって細胞分裂が滞り、真ん中の葉が立たなくなります。それぞれの小葉は、縁に15〜20の刻みが等間隔で並び、先端がとがり気味になります。

左右の小葉の端から端までの長さは20㎝以内、葉柄も20㎝以内が理想です。

葉柄の糖度計診断

生長点に近い展開葉の葉柄と、最下葉の葉柄の糖度差を見ることでも、生育診断ができます。糖度差が0・5前後なら正常ですが、それより低く0になった場合は生育が停止、心止まり状態です。逆に1・0以上と大きいほど徒長している証で、栄養生長に傾きすぎています。

花を見る

イチゴの花を観察することで、栄養生長に傾きすぎていないかどうかわかります。花から果形も予測できるので、摘花の目安にもなります。

花弁は5枚が正常ですが、樹勢良好の場合は6枚の花もできます。花弁5枚の花のなかに、チラホラ花弁6枚の花があるのが理想です。

イチゴは大きいほうが、糖度も上がりおいしくなります。大果になるものは、①花が大きく、上を向いている、②各花弁が大きくそれぞれが重なりあう、③花梗が太い、④雌ずいが大きい、という特徴があります。摘花するときは、こういう花を残しましょう。

実を見る

イチゴは着色の仕方で糖度が高いか低いか判断できます。糖度が低いと、種子（ゴマ）が白または黄色の状態でイチゴ（花托）が赤く着色しますが、糖度が高いと、種子が先に赤くなり、その後にイチゴが赤くなります。種子が先に赤くなるイチゴは、硝酸も低いので傷みにくく日持ちもいいです。

収穫後のイチゴの硝酸濃度が適正かどうかはヘタ・果形・色を見て診断します。適正な硝酸濃度（100ppm以下）のイチゴの特徴は以下のとおりです。

・ヘタは大きく、反り返り、ガク片の間隔が均等なもの。
・果形は左右対称で、肩が張り、実の先端がとがった感じでなくふっくらと丸みがあるもの。
・種子が大きく、色は黄色ではなく赤色が多いもの。
・全体に照って色むらがなく、ヘタ近くまで深い紅色のもの。

硝酸過剰・カリ欠乏の対策

硝酸過剰やカリ欠乏になると出やすい症状とその対策を解説します。

▼チップバーン

いわゆる葉先枯れやガク枯れで、いずれも毛細根の根傷みが原因です。

毛細根が根傷みすると光合成に必要なミネラルの吸収が不足し、体内の硝酸濃度が上がります。硝酸過剰になるとシュウ酸濃度も上がり、植物は有毒なシュウ酸をカルシウムで中和し、無毒なシュウ酸カルシウムをつくろうとします。その結果、植物体がカルシウム欠乏となりチップバーンになるのです。シュウ酸で焼けるともいいます。

土壌のカルシウム不足の場合は少なく、根傷みの原因を解消しないと症状は止まりません。根傷みは過剰施肥による濃度障害や地温、養液温の低さが要因なので、まずは管理を見直しましょう。そのうえで、未消化の硝酸を同化する資材「シャングー」やカリの葉面散布、発根剤の使用を検討します。

▼うどんこ病

うどんこ病の株を生体分析すると、硝酸過剰・カリ欠乏により樹体のpHが低く酸性体質になっています。主な原因として①毛細根の根傷みでカリが根から溶脱（ようだつ）、②ドカなりで実に一気にカリが取られた、③ハウス内の乾燥が考えられます。

①の場合は根傷みの原因を取り除く。
②の場合は葉面散布とカリの追肥。
③の場合は、ハウス内の温度・湿度管理を見直します。通路など露出する土が乾いている場合は、ハウスが乾燥しています。換気開始を遅らせたり、かん水量を増やしたりして、湿度が下がりすぎないような管理を心がけてください。

トウモロコシ

●イネ科

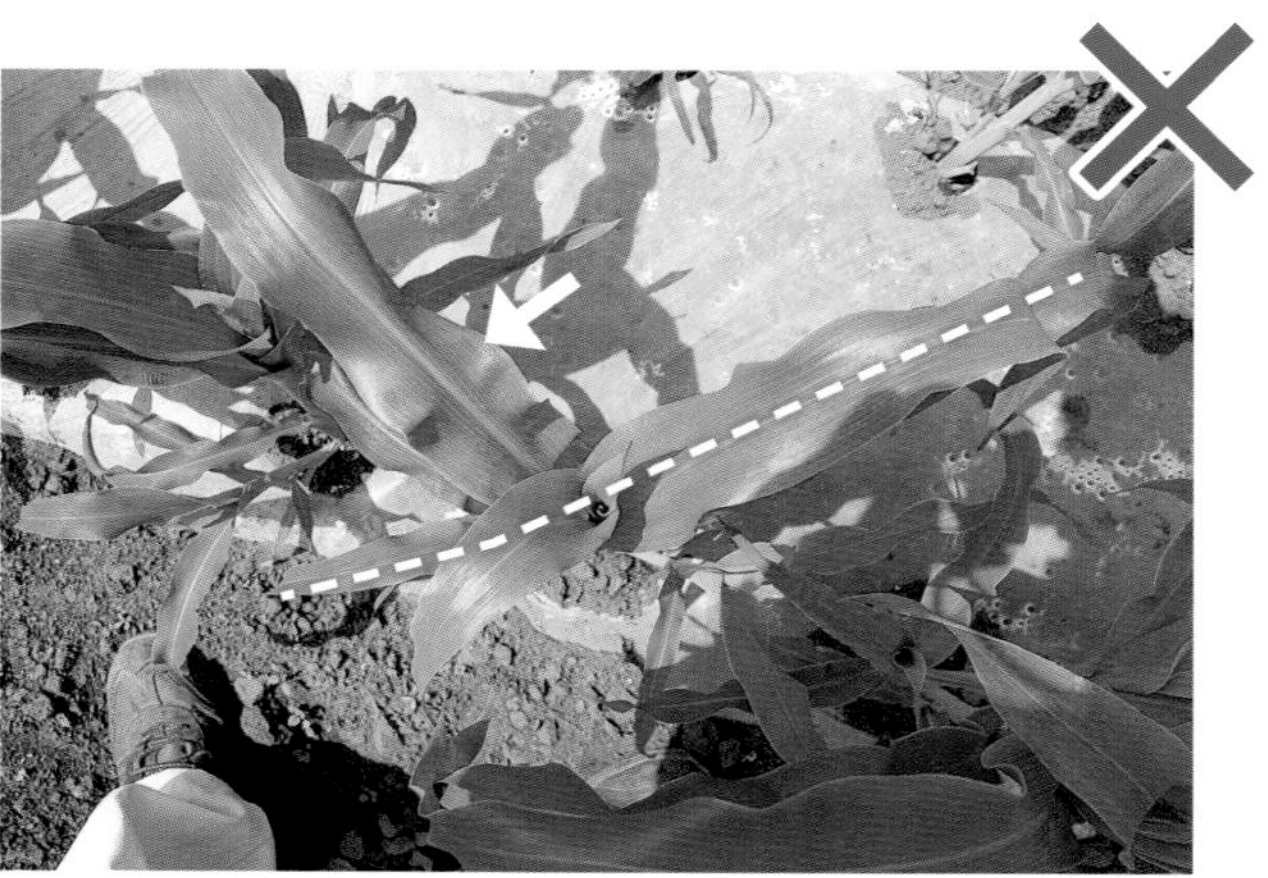

葉は点線の向きにつくのが正常だが、矢印の葉が違うところについている。硝酸過剰で生育バランスが崩れている

根張りがよく、サイトカイニン活性が高い株ほど強い分げつが出る

積算温度で適期収穫

トウモロコシは直売所でも人気商品の一つで、いつの時期でもよく売れます。ただし、ウルトラスーパースイート種（味来390など）の品種が出回るようになって以来、お客様の舌も肥え、ちょっとでも甘くないと「おいしくない」と、売れ行きが落ちてしまいます。

甘みが落ちる一番の原因は収穫のタイミング。適期を過ぎると糖がデンプンになって、食味が落ちてしまうのです。トウモロコシの実は、水熟期→乳熟期→糊熟期（こじゅくき）→黄熟期と登熟が進みますが、スイートコーンの場合は乳熟期の後期から糊熟期の前期が収穫適期です。糊熟期に入るとデンプン含量が徐々に増え、約20％を超えると食感が粉質になり、粒の表面が硬くなってしまいます。こうなる前に収穫するには積算温度（日平均気温×日数）による管理をおすすめします。

一般的な品種の収穫適期は、播種からだと積算約1500～1600℃前

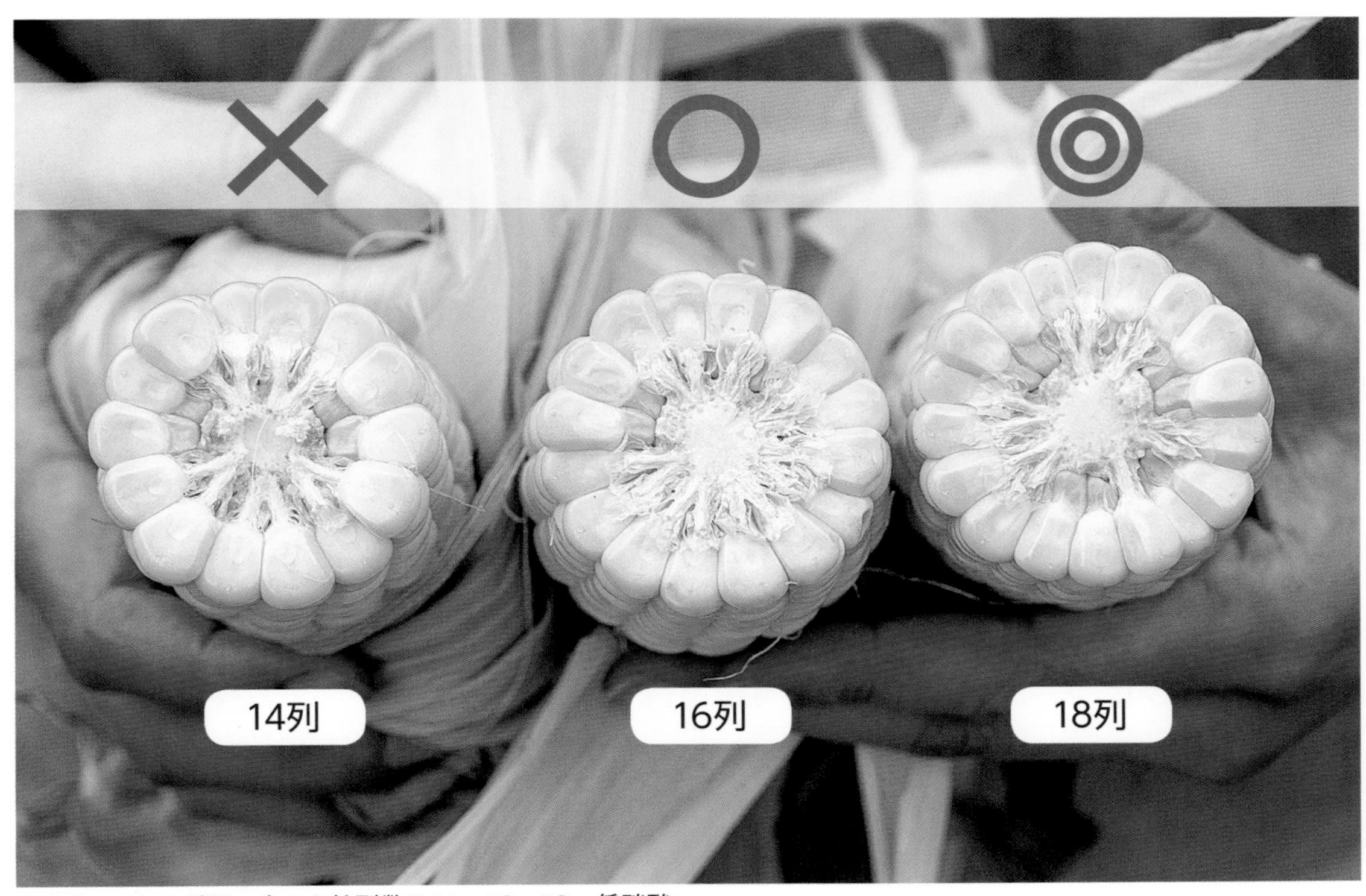

トウモロコシの断面。左から粒列数は14、16、18。低硝酸でサイトカイニン活性が高いほど細胞分裂がスムーズで列数が多くなる。16列が正常で14列以下は生育不足、18列以上は上物。実の理想値は硝酸イオン200ppm以下、カリウムイオン3500ppm以上、糖度18以上（赤松富仁撮影）

後、絹糸（けんし）抽出後だと450～550℃前後。1日の気温が高い夏場は適期が3～4日しかありません。確実に適期に収穫するために、ぜひ栽培する品種の収穫適期を調べて、実際に積算温度を計算してみてください。

また、たとえ同じ収穫適期の同じ品種でも、管理によって糖度や大きさが変わります。つまり低硝酸のおいしいトウモロコシをつくるには、適切な管理と適期での収穫が絶対条件なのです。

トウモロコシの観察のポイント

	正常な姿	チッソ過多の姿
葉の発生角度（葉序）	真上から見たとき180度に開いている	真上から見たとき不均一で捻れている
分げつの発生	多い	少ない
本葉6～8葉期	葉色が鮮緑色で照りがある 茎が太くガッチリしている	葉色が濃緑色で照りがない 茎が細くヒョロッとし軟弱

以下、低硝酸のトウモロコシの診断方法とその管理のポイントについて紹介していきます。

トウモロコシの生育診断

▼株を見る

トウモロコシの葉は180度ごとにつく2列互生(ごせい)が正常です。チッソ過剰になっていると、葉のつき方が不均一になり、捻れたようになります。

またサイトカイニン活性が高ければ、強い分げつが出ます。早出し作型などでは、低温で活着が悪くなるとサイトカイニン活性が低くなり、分げつが出にくく実も小さくなってしまうので注意が必要です。

▼実を見る

実(タネ)は正常生育すると16列になります。18列以上は上物、14列以下は生育不良です。列数が多いほどサイトカイニン活性が高く、細胞分裂が盛んに行なわれた証拠で、根の張りが悪くサイトカイニン活性が低いと12列になることもあります。

軸はトウモロコシの太さの3分の1程度の、あまり太くないものがいいです。ひげ(絹糸)の色は、先端から半分くらいが茶褐色で根元は薄緑色のものが理想。すべて茶褐色になっているものは、過熟で実が硬くなっています。低硝酸でバランスよく生育すると、実全体がむっくりとしてほぼ同じ太さになります。

管理のポイント

▼2・5葉期の若苗定植

トウモロコシは本来、直根性の作物で移植を嫌うので、育苗する場合は2・5葉期頃の若苗で定植するのがポイントです。種子には3~4葉期まで生育できるだけの栄養分がほぼ含まれているので、できるだけ肥料分の少ない土で育苗することで、硝酸過剰にならない毛細根の多い苗ができます。

毛細根を増やすには、本書で紹介した他の作物同様、浸種も効果的です(109ページ参照)。播種はとがったヘソ(尖帽部(せんぼうぶ))を下向きにして播くと発芽率が向上します。また、覆土の厚みは種子の大きさの2倍程度とします。直播きの場合でも2~3cm程度がいいでしょう。

▼15℃で低温発芽

低温時に温床で発芽させる場合の設定温度は、タネ袋に書いてあるような25~30℃では高すぎます。トウモロコシの根毛の伸長最低温度は12℃ですので、15℃くらいでゆっくり時間をかけて発芽させるのが、毛細根の多い苗を育てるコツです。

抑制栽培では、高温時の育苗になる

生育ステージ別　硝酸とカリの理想値

生育段階	硝酸イオン	カリウムイオン
育苗期(2.5葉期)	3000ppm以下	5000ppm以上
幼穂形成期(本葉7～8葉期)	3000ppm以下	4000ppm以上
雄穂抽出期～雌穂抽出期(本葉9～10葉期)	3500ppm以下	4500ppm以上

育苗期は株全体を搾って測定。幼穂形成期以降は分げつの下部で測定する

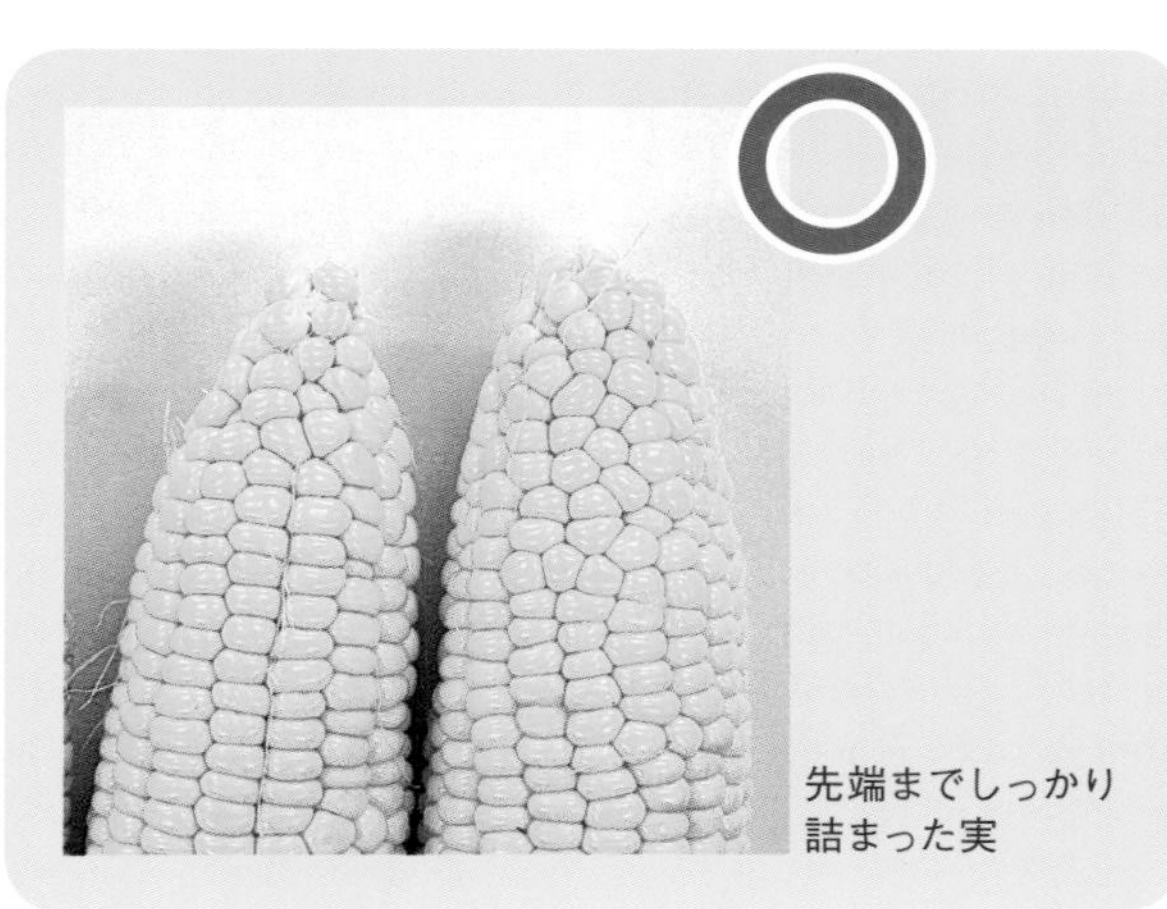

先端までしっかり詰まった実

先端不稔の実。水分不足や根傷みで発生する

ので、遮光し育苗トレイの下に空間を設けるなどして地温を下げましょう。

▼チッソは10a15kgで十分

一般的にトウモロコシは多肥作物と思われているのか、肥料をたくさんやらないと大きくならないと考えている方が多いです。施肥基準などもチッソ成分で30kg（10a当たり、以下同）ほどになっています。

吸肥力が強いので、多肥による増収効果もあるのが事実ですが、20kg以上は無駄が多く、食味を落とす原因にもなります。元肥を少なくし追肥主体でつくれば15kg以内で十分です。

▼本葉8枚頃のカリ濃度は4000ppm以上に

本葉3葉期から6葉期にかけて、種子根に代わり永久根が発達。その後幼穂形成期が始まります。この時期までにいかに根を張らせ、サイトカイニン活性を高めるかで幼穂の細胞数が決まる重要な時期です。

本葉8葉期頃までに雌穂と雄穂が形成されます。特にこの時期の雌穂で収穫時の粒列数がほぼ決まります。上物である18列を超える粒列数を目指すには、硝酸濃度は3000ppm以下、カリ濃度は4000ppm以上で管理します。特にカリ濃度が基準に満たない場合は、葉面散布で補います。追肥する場合はカリを中心にこの時期に行ないます。

▼積極かん水で先端不稔を防ぐ

雄穂抽出期に向けて水分要求量も高くなるので、水分が不足すると先端不稔になります。特にハウス栽培では、ハウス内の空気の過乾燥や土壌の水分不足は花粉の量も減り、受精障害を起こしたりハダニの発生を助長します。積極的なかん水や、定期的な葉面散布が必要です。

露地栽培でも耕土が浅く根張りも悪いと乾燥害を受けやすくなり、干ばつの年は先端不稔が多くなります。逆に水分過剰で根の働きが弱っても不稔の原因になりますので、土壌改良や排水対策が必要です。

ブロッコリー

●アブラナ科

これまでの分析結果から硝酸の少ないブロッコリーは、ビタミンCなどの栄養価が高いことがわかっています。以下、硝酸の少ないブロッコリーの見方と栽培のポイントを紹介します。

花芽分化期の硝酸濃度がポイント

ブロッコリーはカリフラワーと並びハナヤサイと呼ばれ、大きな花蕾（からい）を食べる野菜です。花の蕾（つぼみ）を食べるわけですから、初期の花芽分化期がとても重要で、このときの葉柄の硝酸濃度を低くすることが高品質のブロッコリーを生産するポイントです。

品種によって温度帯は異なりますが、ブロッコリーの花芽分化は、低温にさらされると始まります。その時期は、早生種で本葉（展開葉）６枚以上、中生種で11枚以上、晩生種で15枚以上といわれています。

このときに生長点から数えて３〜４枚目の葉柄の硝酸濃度が４０００ppm以下、カリ濃度は６０００ppm以上が理想です。理想値に近い値ですと、最終的に仕上がるブロッコリーの硝酸濃度は１０００ppm以下で栄養価の高い良品になります（平均は１５００ppm）。

低硝酸ブロッコリーの見分け方

硝酸イオンメーターを使用して生育診断する場合は、花芽分化に入る手前の時期（早生種なら本葉５枚のとき）に測定します。もし硝酸が４０００ppmより高い場合は、硝酸の消化を促す資材を葉面散布してください。

▼生育途中の葉

見た目では、硝酸が多いと葉が波打ち、葉脈間が、ちぢみホウレンソウのように盛り上がります。硝酸過剰によりジベレリン活性が高まり細胞の異常肥大が起こるためです。一方、硝酸の少ない葉はなめらかで、ブルーム（白い粉）が増えます。また硝酸が多いと虫に食われやすくなります。

▼花蕾の形と色、食味

硝酸が少ないブロッコリーは、花頂部から花蕾裾まで花形が同じになります。花蕾間は隙間なくぎっしりと詰まり、色ムラもありません。硝酸過剰になると生育スピードが速くなり、花蕾間に隙間ができます。花蕾全体も凸凹になり、色ムラが発生します。

低硝酸の花蕾は生で食べてもえぐみが少なく甘みがあります。切り口を下にして保管すると、果実の成熟を進める植物ホルモンのエチレンの活性が抑えられ、味の変化が少なくなります。

毛細根を増やす育苗と定植

花芽分化期に理想値に近い硝酸濃度にするには、育苗と定植後の根張りが重要になります。特に早生種は花芽分

硝酸過剰の葉。葉が波打って葉脈間が盛り上がっている

同じ畑の正常な葉と虫食いの葉。葉柄の硝酸濃度を測ると、左は5000ppmで右が7000ppmだった

ブロッコリーの観察のポイント

	正常な姿	チッソ過多の姿
葉脈間	盛り上がりが小さく、なめらか	盛り上がりが大きくボコボコ
葉の縁	波打ちが小さい	波打ちが大きい
葉面のブルーム（白い粉）	発生が多く全体的に白っぽい	発生が少ない
生育初期の生長点	黄緑色	緑色
虫害	葉に虫食いの穴が少ない	葉に虫食いの穴が多い
葉柄	短い	長い

花蕾間の隙間がなくぎっちり詰まっている。花蕾はすべて緑で色むらもない良品

花蕾の隙間が多く凸凹。色むらもある不整形花蕾。老化苗を植えてもこうした花蕾の発生を助長する

硝酸過剰で起こる生理障害

花茎空洞症

花茎に空洞が発生する。硝酸過剰によるホウ素欠乏が原因

リーフィーヘッド

花蕾の中に小葉片が発育。花芽分化後に高温が続いて生殖生長の後、栄養生長に傾くと発生する

化が定植後まもなく始まるので、育苗の時期に決まってしまうといっても過言ではありません。

育苗では、いかに毛細根を出すかにかかっています。細胞分裂を促進する植物ホルモンのサイトカイニンは、根の先端で生成されるからです。毛細根の多い苗をつくるための要点は左ページにまとめました。

いい苗ができたら、定植にも気を使いたいところです。一つは老化苗を植えないこと。キャベツやブロッコリーの苗は比較的丈夫なので老化しても植えられますが、毛細根が少なくなり、高品質のものにはなりにくいです。

また定植前にドブ漬けを行ない、セルトレイの土に水を十分含ませてください。植え付け後には株元に少量かん水をすると、ポットの土と畑の土が密着し初期の発根がスムーズになります。

むやみな深植えは避け、浅植えを心がけてください。深植えは硝酸や水を優先して吸う不定根が出て、ミネラル吸収が少なくなってしまうからです。

チッソが多すぎる

一般的なブロッコリー栽培では、チッソ成分で20kg／10a以上施肥している場合が多いようです。解説書などではその他に堆肥を2t入れろと書いてあるものもあります。しかし本当にそこまで必要なのでしょうか。「みずほの村市場」で、低硝酸・高品質のブロッコリーを販売する生産者は、元肥10kg／10aで追肥もやりません。

地中海沿岸が原産のブロッコリーは、比較的乾燥に強い作物です。導管などの木部組織が発達した根をしており吸水力もあります。根は主として表層部に多いですが、地中に150cmも深く入り込みます。そのぶん過湿には弱いので、排水のよい圃場を選ぶことが高品質の基本です。

土寄せでミネラルを戻す

栽培管理においては、初期の土寄せ作業も重要です。カリなどのミネラルやアミノ酸、有機酸などは、雨水によって植物体内から溶脱します（リーチング）。土寄せ作業は、それらを含んだ土を吸収根の位置に戻してやる作業になります。

台風などの強い風雨にさらされたときは強いリーチングが起きますので、病気が発生したりしますが、これは主にカリの溶脱によるものです。病気を予防するにはカリの葉面散布が有効です。

毛細根が多くなる苗づくりの要点

●播種床は練り床がベスト
練り床とは培土に水を加えて練った土。保水力が上がり活着がよくなる。根がじわじわと育ち、太い根より細根が多くなる。

●軽すぎる培土は厳禁
土に気相が多くなると冬は土が冷えやすく夏は高温になりやすいので、バーミキュライトなどの軽すぎる培土だけを使うのは禁物。

●タネは浸種してから播く
浸種すると種子中のデンプンが糖化されて、スムーズに発根する。

●覆土は薄めに、播種後は鎮圧
好光性種子なので覆土はタネの2倍程度と薄くする。また播種後に鎮圧すると、急激な地温・水分の変化を防ぐことができる。

●冬は低温発芽
発芽適温は15～20℃。根毛は6℃で、根は4℃で傷む。冬場は温床を15℃以下に設定し、ゆっくり発芽させたほうが根量が増える。高温期の育苗は適切に遮光・被覆して温度をできるだけ下げる。

●かん水は控えめに
かん水は播種後にたっぷりやり、発芽までは控える（夏は乾燥しない程度にかん水する）。発芽後も萎れない程度で十分。午後のかん水は避ける。

ホウレンソウ、コマツナ

●ヒユ科、アブラナ科

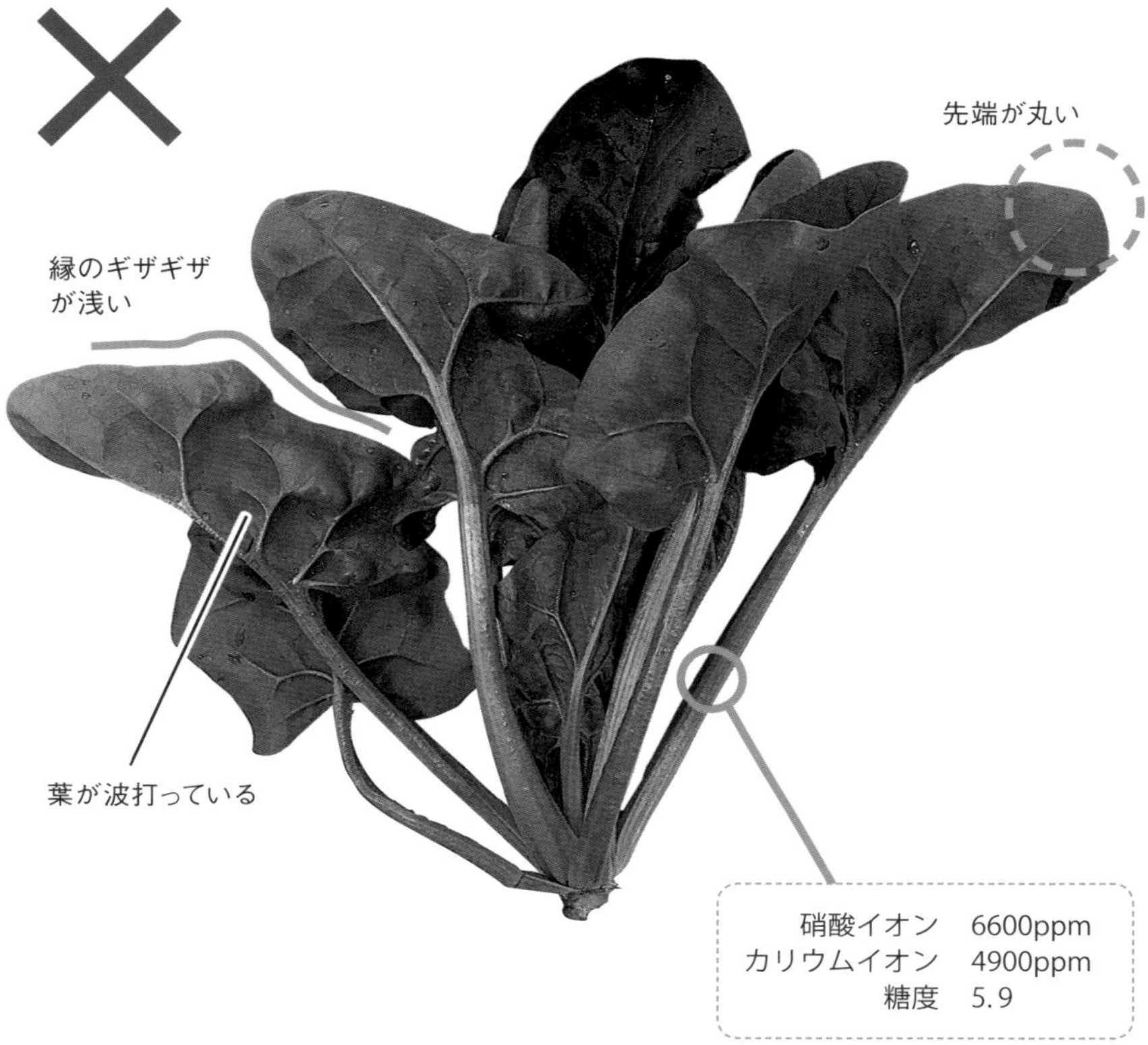

代表的な葉物野菜として、ホウレンソウとコマツナを解説します。葉物野菜は生育期間が短いため、最初の土づくりや発芽に気をつければ低硝酸になりやすいと思います。

葉で生育診断

ホウレンソウもコマツナも葉を観察すると低硝酸かどうかわかります。

▼ホウレンソウ

上の2枚の写真は、同じ畑で栽培したホウレンソウで、品種も同じです。右は硝酸6600ppmで、左は2400ppmでした。違いはチッソの施肥量で、10a当たり10kg施用した右に対し、左は無施用ですが十分育っています。健全に育った低硝酸な左の株の特徴は以下のとおりです。

・葉色は、濃緑色でなく、鮮緑色で照りがある
・中央の葉脈から、細い葉脈が左右交互に出ている
・各葉の先端が、丸くなくとがり気味で、葉の縁のギザギザも深い
・葉の先端・縁がカールせず、素直に

硝酸濃度が高いホウレンソウ（チッソ10kg /10a施用）

硝酸濃度が低いホウレンソウ（チッソ無施用）

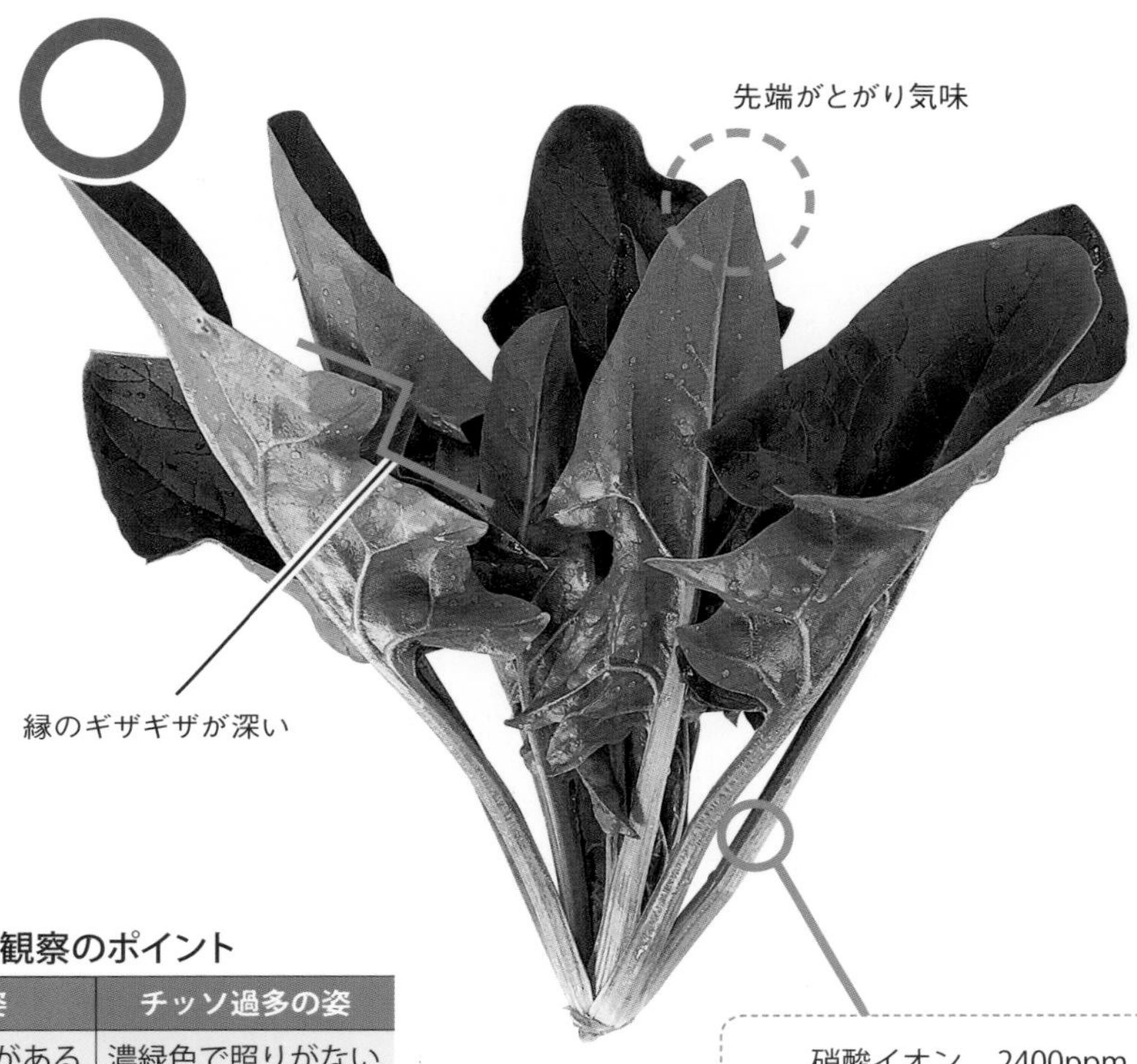

硝酸イオン　2400ppm
カリウムイオン　4700ppm
糖度　9.2

生長している
・外葉（古い葉）の色が鮮緑色で照りがあり、芯（生長点）が若竹色
・根元の紅色が強い

健全な株は、肥料ではなく主に光合成産物によって生育します。それに対し、肥料でつくろうとすると硝酸過剰となり、見た目は大きくなりますが、葉はボコボコと波打ち、ギザギザも浅くなります。もちろん糖度や栄養価も低くなってしまいます。

ホウレンソウの観察のポイント

	正常な姿	チッソ過多の姿
葉色	鮮緑色で照りがある	濃緑色で照りがない
葉の様子	先端がとがり気味、葉の縁の切れ込みが深い	先端が丸く、葉の縁の切れ込みが浅い
葉脈間	盛り上がりが小さくなめらか	盛り上がりが大きくボコボコ
芯（生長点）の葉色	黄緑色	緑色
根元	紅色が強い	紅色が薄い

コマツナの観察のポイント

	正常な姿	チッソ過多の姿
葉色	鮮緑色で照りがある	濃緑色で照りがない
葉の様子	葉の先端・縁がカールしていない	葉の先端・縁がカールしている
芯（生長点）の葉色	黄緑色（若竹色）	緑色
葉柄	葉より短い	葉より長い
葉の発生角度（葉序）	144度で展開し、6枚目が1枚目と重なる	6枚目が1枚目と重ならない

葉柄を折って葉と長さを比較。徒長していない株は葉のほうが長い

根傷みせずに健全に生育すると収穫まで子葉が残っている

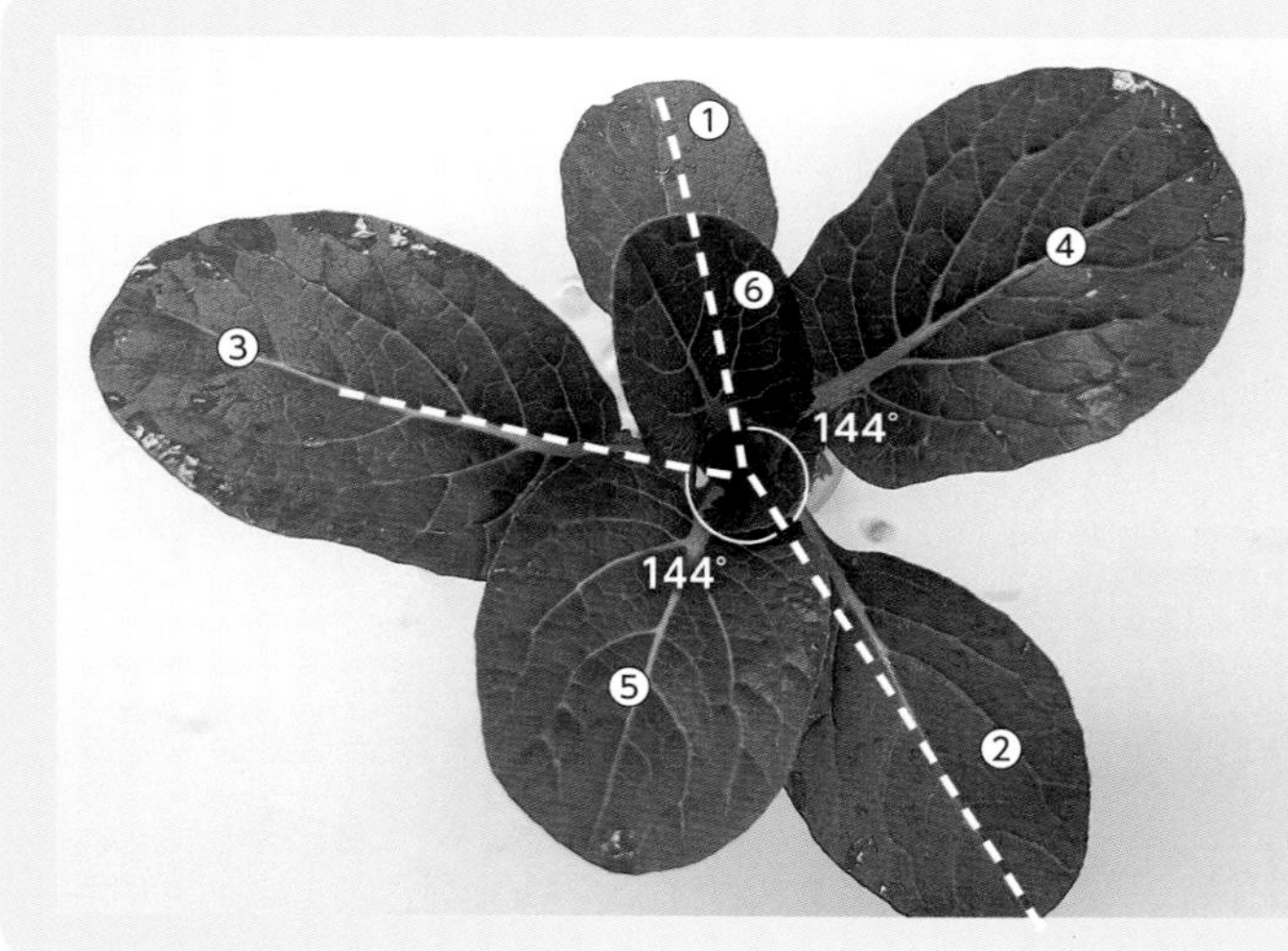

コマツナの株を上から見たところ。番号は展葉した順。葉は144度で配列し、1枚目と6枚目が同じ位置にくるのが正常。ずれるのは徒長した証拠

▼コマツナ

診断のポイントはホウレンソウとほとんど同じです。コマツナでは他に、上の写真のように葉と葉柄の長さ、展開する葉の角度、収穫まで子葉が残っているかどうかもポイントです。

また、コマツナの茎の断面図は三日月のような形をしているのが正常ですが、硝酸過剰で植物ホルモンのバランスが乱れると、角ばった形になります。

収穫時の理想値

	硝酸イオン	カリウムイオン	糖度
ホウレンソウ	3000ppm以下 （2000ppm以下）	5000ppm以上	7以上 （9以上）
ちぢみ ホウレンソウ	2000ppm以下 （1000ppm以下）	6000ppm以上 （5000ppm以上）	10以上 （12以上）
コマツナ	4000ppm以下 （3000ppm以下）	5000ppm以上	6以上 （7以上）

測定部位は外葉の葉柄基部。（　）内は株全体をミキサーなどでつぶして測定した場合の理想値

浸種で根量を増やす

ホウレンソウ・コマツナも、できるだけ播種の前に浸種すると、その後の発根・発芽がよくなります（109ページ参照）。発根量が増えるとミネラルを吸収する細根が増え、余計なチッソを吸いづらくなり、硝酸過剰になりにくい性質になります。「三つ子の魂百まで」というように、播種のやり方ひとつでその後の生育に大きく影響するのです。

浸種が適切にできているかは、発芽時の子葉に種皮がついているかどうかでわかります。種子が十分に吸水できていると、根量が増えるぶん子葉は小さくなるので種皮が外れて発芽します。種皮がついたまま発芽するのは吸水が不十分か、温度が高く早く発芽しすぎている可能性があります。

発芽したホウレンソウ。温度が高かったり吸水が不十分だと、種皮が子葉にかぶったまま発芽する

団粒構造で根をまっすぐに

ホウレンソウの根は、土壌条件がよいと直根が1m以上にもなり、細根も地表から60cmくらいの範囲に広く分布します。このとき、直根が叉にならずにまっすぐ深く張るのが大切です。養分をバランスよく吸収でき、葉の光合成能力も高くなるため、硝酸濃度も常に低く（2000ppm以下）、糖度も高く（10度以上）なります。

そのためには、深い耕土と団粒構造が必要です。団粒構造ができていない場合は、完熟堆肥を少量散布するか、納豆菌などの枯草菌の入った資材などを散布します。

また、ホウレンソウのチッソ肥料の施肥基準は一般的には10kg／10aほどですが、5〜0kgでも高品質のホウレンソウは普通にできます。

土壌のpHは根傷みを防ぐため、6以上に調整します。ホウレンソウは、酸性に弱くpH5・5以下になると根の先端が褐変して生育不良になります。

コマツナはカリ不足に弱い

コマツナはつくりやすく、ホウレンソウほどシビアではありません。土壌pHへの適応も幅広いですが、やはり理想は6・5くらいです。

留意点としては、葉菜類の中ではカリ不足の影響が比較的大きいことです。カリ不足になると徒長気味の生育になり、病害虫に弱くなるので、土壌診断の結果により、石灰・苦土・カリのバランスを取った上で、カリを施肥しましょう。また、露地では、暴風雨などでリーチング（溶脱）するので、雨後はカリの葉面散布をおすすめします。

キャベツ

●アブラナ科

結球開始期の正常な外葉。付け根の汁液を測ると硝酸イオン3400ppm、カリウムイオン4300ppm。理想値は硝酸3000ppm以下。カリ4000ppm以上

葉脈間が大きく盛り上がった硝酸過剰の外葉。硝酸イオン5600ppm、カリウムイオン3900ppm

キャベツは根の吸肥性が強い一方、葉で硝酸を消化する「硝酸還元酵素」の活性が低く、硝酸過剰になりやすい野菜です。そのためチッソ過多や根傷みなどで葉の硝酸が多くなり、食味や日持ちの低下を起こしやすくなります。

正常な葉の縁は波打たない

キャベツを見るうえで一番重要なのが葉です。縁が激しく波打つ、ちぢみホウレンソウのように葉脈間が盛り上がるのは、ジベレリン活性が強い証拠。硝酸過剰の可能性があります。

葉が鮮やかな緑色で、照りのあるもの。外側の葉を生で食べて、えぐみが少なく、甘みのあるものが健全です。

キャベツの葉は135度ずつ展開し、1枚目が9枚目の葉とピッタリ重なるのが正常です（3周目で重なる）。一方、ハクサイやレタスは144度で展開し、6枚目（2周目）で重なります。キャベツの初期生育はハクサイよりも遅いですが、葉1枚1枚の間隔が狭く、面積が広い。これは受光態勢をよくするための生理だと考えら

結球部外側の葉。細かい葉脈が左右交互に規則正しく出ている

葉の縁が波打っていない。正常に結球して締まりもいい（収穫1週間前）

同時期のキャベツ。葉の縁が大きく波打っていて、巻きがあまい

れています。

球は硬くて弾力がある

球の形は品種にもよりますが、丸型でなく扁平でズシリと重いもの（春玉はやや軽いもの）。結球頂部を手で包み込むように握ると、硬くて弾力のあるもの。外葉を見て、中心の太い葉脈から出た細かい葉脈が左右交互に規則正しく並んでいるものが望ましいです。

また、裏返して茎（軸）が中心にあるもの。収穫後も切り口が変色しにくいものが、いいキャベツです。

栽培のポイント

▼低温で発芽させる

発芽初期の発根量を増やすには、浸種が有効です（109ページ参照）。種子内のデンプンが糖化され、発根量が増

キャベツの観察のポイント

	正常な姿	チッソ過多の姿
葉脈間	盛り上がりが小さく、なめらか	盛り上がりが大きくボコボコ
葉の縁	波打ちが小さい	波打ちが大きい
生育初期の生長点	黄緑色	緑色
虫害	葉に虫食いの穴が少ない	葉に虫食いの穴が多い
葉の発生角度（葉序）	135度で展開し、9枚目が1枚目と重なる	9枚目が1枚目と重ならない
結球開始後	しっかり巻いている	巻きがあまい

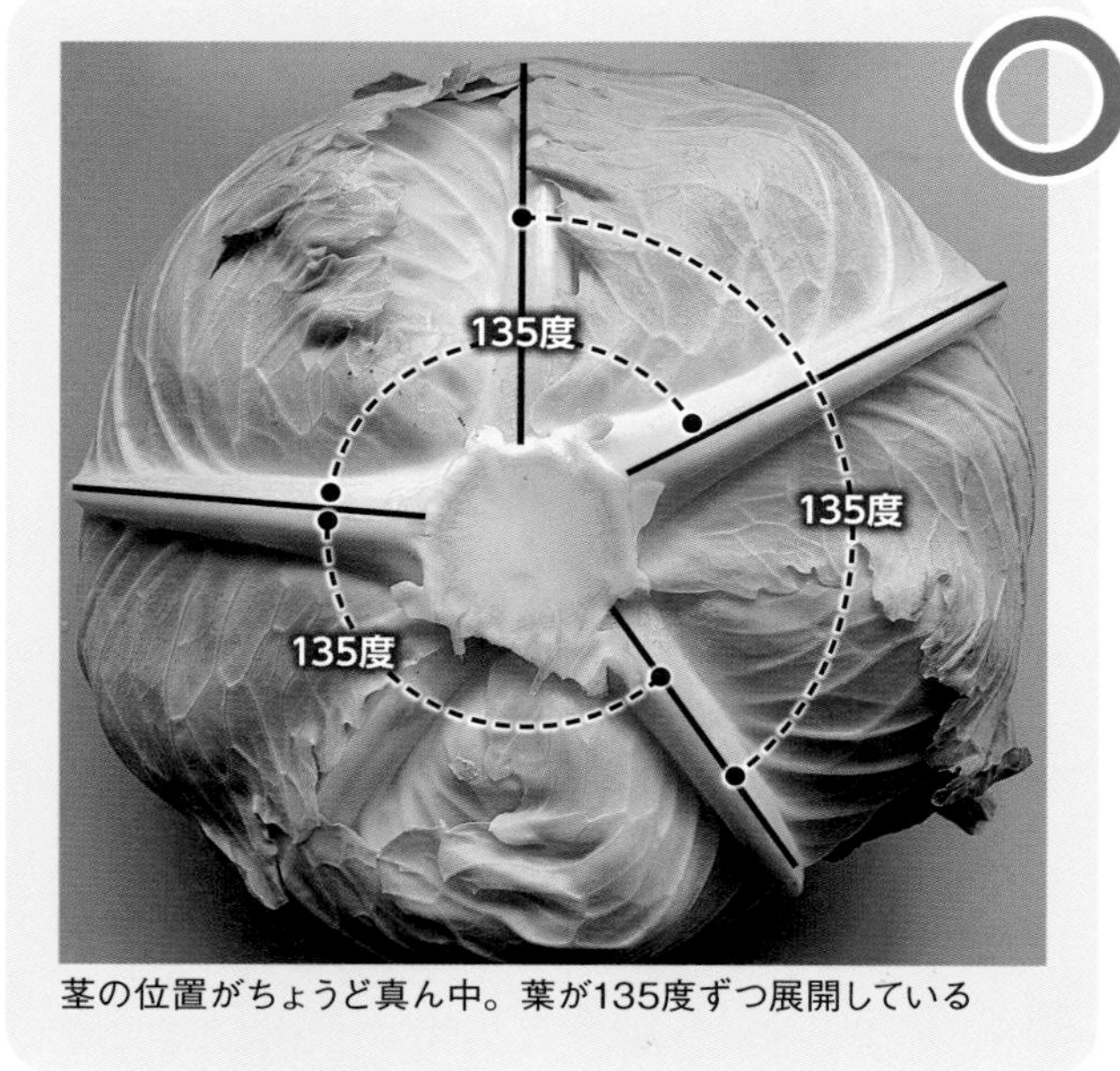

茎の位置がちょうど真ん中。葉が135度ずつ展開している

収穫時の理想値

測定部位	硝酸イオン	カリウムイオン	糖度
全体の平均	1500ppm以下	3000ppm以上	7以上
結球部外葉の付け根近く	2500ppm以下	3000ppm以上	6以上

数値は季節や品種によって変動する

します。生種（無処理種子）の場合は使い捨ての空のティーバッグなどに入れて浸種します。

コート種子の場合は播種後かん水し、低温状態で2～3日置いて浸種の代わりとします。低温期ならそのまま温度はかけない、高温期なら冷蔵庫や予冷施設などで4～5℃に保ちます。

キャベツは比較的低温に強い野菜で、やはり低温発芽がおすすめです。根や根毛の伸長最低温度は4℃なので、発芽後は低温期でも温床の設定温度を10℃ほどにします。

高温期は育苗ハウス内の温度が高すぎるので、発芽まで涼しい場所に置きます。キャベツの発芽に光はいらないので遮光しても構いませんが、出芽後に暗すぎると徒長します。

夏は出芽まで床土が乾かないように注意します。しかし出芽後は、乾きすぎない程度のかん水とします。多すぎると胚軸が伸びて徒長してしまいます。

キャベツは気温30℃以上で生育が抑制されます。光飽和点は4万ルクスなので30％の遮光ネットで遮光します。

さらに高温対策として、セルトレイは白色のものを使って地温を下げ、トレイの下にコンテナなどを置いて風通しをよくしましょう。

▼本葉3～5枚で定植

キャベツの根の再生力は強く、多少の老化苗でも活着します。しかし毛細根の多い、サイトカイニン活性が強い（細胞分裂が盛んな）生育にするには、本葉3～5枚の適期に定植しましょう。定植時に「フルボン」（フルボ酸・フミン酸）1000倍液にドブ漬けすると、毛細根がより多く出ます。

近年はハウス内でのセルトレイ育苗が一般的ですが、以前は露地での「地床育苗」が主流でした。根が切れやすいためオーキシン活性が高まり、根の数を増やすことができます。地床育苗は理にかなっているのです。

▼必要最小限の養分で育てる

キャベツは吸肥力が旺盛です。元肥のチッソは10～12kg／10aが平均的ですが、長年使用している畑なら地力チッソが多いので、元肥チッソは8kg／10aでも十分です。必要以上の硝酸は病害虫の発生要因になります。

キャベツの養分吸収量の割合は、チッソを１００とするとリン酸27、カリ１１２、石灰94、苦土16といわれています。カリと石灰がチッソと同等かそれ以上に吸収されているのです。吸収された養分の80％は、まず外葉に貯蔵され次に結球部に移行しますが、石灰は移動しにくいため不足して心腐れを起こす場合があります。カリは結球期に要求量が増え欠乏しやすくなりますが、そのために過剰施用すると、石灰や苦土欠乏の原因となります。土壌診断に基づいて、ミネラルバランスを整えることが先決です。

土壌の物理性も重要です。キャベツはハクサイ並みに水分要求量が高く、ハクサイやレタスよりも湿害に弱い野菜なので、水はけがよく、かつ水持ちもよい団粒構造の土壌が理想です。

初期の根張りがよく、外葉が正常に形成されれば、光合成と必要最小限の養分で、健全に生育します。

▼締まりが悪いのは硝酸過剰

キャベツがうまく結球しないのは、気温や日照時間以外に、硝酸過剰が原因です。キャベツは本葉17～20枚になると、葉の内側と外側で伸びる速度に違いが生じます。それを左右するのが伸長を促すホルモン（オーキシン）で、ホルモン濃度の高い外側が速く伸長するため、内側に巻き始めるのです。

このとき硝酸過剰だとジベレリン活性が強くなり、縦方向に細胞が肥大して腰高で、締まりの悪い結球となります。結球開始前に硝酸濃度を測り、３０００ppmを超えていたらチッソを消化させる資材「シャングー」を１０００～２０００倍で葉面散布します。カリが４０００ppm以下なら、同時にカリも葉面散布しましょう。

▼硝酸過剰は予知できる

硝酸過剰になりやすい時期となりにくい時期を、金星の位置から予想できます（124ページ参照）。２０１８年の秋は生育中の硝酸過剰により栄養生長に傾き、巻きがあまいキャベツが多くできました。これは9月5日に金星が太陽から遠く離れていたことも影響しています。

金星は約１１２日周期で太陽との距離が大きく変わります。近づいたときを近日点、遠ざかったときを遠日点といいます。太陽活動は近日点の頃に活発化し、紫外線が強く、地温が上がり、植物は生殖生長傾向になるのです。遠日点の頃は逆に、栄養生長傾向になります。不思議な話ですが、多くの農家による経験知です。

２０２１年の遠日点は10月3日です。秋のキャベツの巻きが悪くなると予測できるので、チッソ過多には注意してください。

ハクサイ

●アブラナ科

良好に結球を開始して充実期に入っている。葉の縁の波打ちも少なく、葉に照りがある（10月下旬撮影）

同時期のハクサイ。外葉の立ち上がりがあまく、うまく結球していない

ハクサイは「養生三宝」の一つとして、菜類の中で最も常食すべきといわれていますが、需要が減っている野菜の筆頭でもあります。１９７０年には一人当たり年間６・９kg消費していたのが、２０１７年には２・７kgと60％も減っています。品質を向上させて、消費拡大につなげたい野菜です。

ハクサイはチッソ過剰になると締まりが悪くなり、日持ちや栄養価が低下、ゴマ症も発生しやすくなります。基本はやはり少チッソ栽培です。

葉に照りがあり、ふっくらと太い

葉は淡い鮮緑色でテカテカと照りがあり、切り口が茶色に変色せず白いものが、いいハクサイです。生で食べるとシャキッとしてえぐみが少なく、甘みがあります。全体の形はラグビー球のような腰高でなく、ふっくらと太ったもの、結球頂部を手で包み込むように握ると硬く弾力のあるものが正常です。また収穫時に、茎（軸）の切り口が中心にあり、太い葉脈が１４４度ずつ展開し、1枚目が6枚目（2周目）と重なるものが健全です。

一方、硝酸過剰のハクサイは葉に黒や褐色の小さな斑点（ゴマ症）が出たり、葉の縁が激しく波打っていたり、葉脈間が、ちぢみホウレンソウのように盛り上がっていたりします。

栽培のポイント

▼低温でゆっくり発芽させる

ハクサイはキャベツより発芽も初期生育も早いですが、できるだけゆっくり生育させ、毛細根が多くサイトカイニン活性が高い苗を目指します。

発芽初期の発根量を増やすためには浸種（109ページ参照）が有効ですが、ハクサイはキャベツと違って、タネの吸水時期から低温（3～13℃）に感応して花芽分化してしまいます（シードバーナリ型）。タネを低温状態に1日以上置くのは避けます。

ハクサイの発芽適温は18～22℃（110ページ）といわれますが、温床の設定温度は15℃ほどにします。低温には強い野菜ですが、発芽後も12℃以下に7日以上置くと花芽分化してしまいます。

一方、夏場の育苗は高温期になります。発芽まではできるだけ涼しい場所に置き、出芽まで培地が乾かないよう

144度
144度

茎の切り口が中心にあり、変色していない。葉がきれいに144度ずつ展開している

葉の展開が不規則で、芯空洞症になっている

ハクサイの観察のポイント

	正常な姿	チッソ過多の姿
葉脈間	盛り上がりが小さく、なめらか	盛り上がりが大きくボコボコ
葉の縁	波打ちが小さい	波打ちが大きい
生育初期の生長点	黄緑色	緑色
虫害	葉に虫食いの穴が少ない	葉に虫食いの穴が多い
葉の小さな斑点（ゴマ症）	発生していない	発生している
葉の発生角度（葉序）	144度で展開し、6枚目が1枚目と重なる	6枚目が1枚目と重ならない
結球葉の分化速度	1日当たり最高2枚程度	速度が遅く1日当たり1枚以下
結球開始後	しっかり巻いている	巻きがあまい

にかん水します。発芽には光が必要なので、乾燥防止に新聞紙をかけたり、深播きすると徒長します。

出芽後もかん水が多すぎると徒長するので、乾きすぎない程度にします。気温23℃以上で生育が抑制されるので、30％の遮光ネットで遮光します（光飽和点は4万ルクス）。白いセルトレイを使い、下にコンテナなどを置いて風通しをよくするのもおすすめです。

毛細根を増やすには、キャベツ（72ページ）で紹介した地床育苗や練り床育苗（ソイルブロック）もよく、高温乾燥に強い苗ができるので、特に夏場は有利です。

▼高ウネと中耕で排水性向上

根の深さは1m以上で、太い直根と十数本の側根には根毛がたくさんつきます。根毛の寿命は2～3日といわれますが、繰り返し再生します。

滞水に弱いので高ウネと中耕が必要です。結球開始頃に滞水すると、根が酸素不足になり根毛が傷みます。すると葉数が増えず、株も小さくなってしまいます。排水不良の畑は土壌の物理性改善（団粒構造化）も必要です。

▼ゴマ症を減らす少チッソ栽培

ハクサイの養分吸収割合はチッソを100とするとカリが150といわれています。そこで、初期から結球期にかけて、常にチッソよりもカリの吸収が多くなるようにします。また石灰とホウ素も重要です。根は酸性に弱く、pH6以下だと根こぶ病も発生しやすくなるので、pHが6・5～7になるよう石灰で調整します。

元肥のチッソは10～15kg／10aが平均的ですが、地力チッソの利用率も高いので長年使用している畑なら8kg／10a以下でも十分育ちます。元肥チッソが多いと、初期生育はよくても、外葉が大きくなりすぎることがあります。すると石灰が外葉にばかり集中し、心腐れの発生を招きます。

ゴマ症の発生も硝酸過剰が原因と思われます。チッソ過剰により外葉が過剰肥大したハクサイに多く見られるからです。また、鉄不足による呼吸阻害や低温障害も関係しているといわれています。鉄が吸収阻害される要因には根傷みやカリ過剰、マンガン過剰、アルカリ化などが考えられます。軽いホウ素欠乏も発生を助長するようです。

微量要素を吸収する毛細根を増やす育苗と、根傷みしにくい土壌環境、元肥チッソを減らすことで、心腐れもゴマ症も減らすことができます。

▼結球が悪いのも硝酸過剰

これまでの生体分析によると、硝酸過剰では結球もあまくなりがちです。

ハクサイは通常、初期の外葉形成期は根のチッソ吸収が多く、地上部はジベレリン活性が強くなるため細胞がまず縦方向に伸びます。葉が大きくなるにつれて光合成も活発になり、C／N比が上昇していきます。すると葉の外側の伸長を促すオーキシン活性が強くなり、本葉18枚目（品種によって違いあり）が立ち上がって結球が始まります。結球最外葉は壁になって、これから生長する結球葉を支えます。

外葉と結球葉とでは、葉の形が違います。外葉の葉形比（葉の長さ／葉幅）は1・8ですが、結球葉では1・2～1・5と、幅が広いのです。ハクサイは、根量が増えてサイトカイニン活性が高まるにしたがって細胞分裂を盛んに行ない、横幅が広くなって結球態勢に入るわけです。

これがチッソ過剰になるとオーキシンよりもジベレリンが強く働き、細胞は縦にばかり伸び結球がうまくいきません。そうした株はサイトカイニン活性も弱く、締まりも悪くなります。

締まりのよいハクサイは、結球葉が最盛期に１日２枚程度分化します。分化速度を決めるのは、根の先端でつくられるサイトカイニンです。チッソ過剰で光合成が弱いと根毛の再生力が落ち、その活性が低くなってしまいます。根傷みしない土壌環境が必要です。

▼結球前にイオン濃度を測る

ちゃんと結球するかどうかは、結球前に硝酸イオン濃度を測ることでわかります。本葉15～16枚目頃に食用にしない外葉を測り、硝酸イオンが３０００ppm以下ならば大丈夫。天気のよい日に陽が当たっている付け根部分を測定し、それ以上であれば硝酸を消化させる資材「シャングー」を１０００～２０００倍で葉面散布します。カリが４０００ppm以下なら、同時にカリの葉面散布も行ないます。

低硝酸のハクサイは凍害にも強くなります。収穫期に入り、平均気温が10℃以下になると生育が低下、マイナス３℃から凍害が発生しますが、低硝酸で糖度が高いと耐寒性が高まります。マイナス８℃以下になると、硝酸過剰のものから芯が傷んできます。外葉を結束しても、越冬できません。

キャベツで紹介したように、太陽と金星の位置により、硝酸過剰になりやすい時期があります（124ページ参照）。２０２１年は10月3日に金星が太陽から最も遠ざかる遠日点となり、植物は栄養生長傾向になりやすくなります。秋のハクサイやキャベツの巻きが悪くなると予測できるので、チッソの施用量には十分注意してください。

気温がマイナス8℃になっても、低硝酸で糖度が高いハクサイは耐寒性が高く、2～3月の出荷が見込める（1月撮影、外葉を結束中）

収穫時の理想値

測定部位	硝酸イオン	カリウムイオン	糖度
全体の平均	2300ppm以下	3000ppm以上	4以上
外葉の付け根近く	3000ppm以下	4000ppm以上	3以上

数値は季節や品種によって変動する

レタス

●キク科

正常なレタス（上）は切り口が小さい。硝酸過剰のレタス（下）は切り口が大きい。外葉付け根部分の硝酸濃度は、上は1000ppm、下は2500ppm

レタスは、今でも需要が伸びている数少ない野菜の一つです。同じレタスでも、結球する玉レタスと、結球しないリーフ系のレタスがありますが、ここでは栽培の難易度が高い玉レタスの見方を紹介します。非結球レタスと違い、玉レタスは生育途中に、栄養生長から生殖生長に転換させる必要があります。

葉が鮮緑色で球形

健全に生育したレタスの外葉は、濃い緑色ではなく、鮮緑色でテカテカと照りがあります。生で食べると食感がシャキッとしていて嫌みがなく、独特な香りと、甘みがあります。

また、地を這うように付け根付近の葉が横に張り、ラグビーボールのような腰高でなく球形。巻きがゆるやかなので、上から包み込むように掴むと、ふわっと柔らかな弾力があります。

収穫して裏返すと、茎（軸）の切り口が変色せず白色で、10円玉～500円玉ほどの太さに締まっています。太い葉脈はきれいに144度ずつ展開

正常に生育したレタス（左）は球形だが、硝酸過剰のレタス（右）は結球葉の葉柄中央部が突出した変形球

し、6枚目（2周）で重なります。

栽培のポイント

▼浸種して低温発芽させる

結球する野菜としてキャベツやハクサイを紹介してきましたが、同じ結球野菜でもレタスはアブラナ科ではなくキク科で、細かい根を張る能力が高いです。とはいえ肥料が多すぎると、やはり細かい根が出にくくなります。また、根傷みしないように、老化苗にしないことが基本です。ミネラルを吸収する毛細根が多ければ、よりおいしい、えぐみのないレタスになります。

ハクサイで紹介したように、発根量を増やすためにはまず浸種してから播種し、できるだけ低温で発芽させます（109ページ参照）。

レタスの発芽適温は15～20℃といわれています。しかし根毛の伸長最低温度は4℃で、これより2～3℃高ければ発芽します。しかし発芽率が悪くなるので、10～15℃でゆっくり発芽させて発根量を増やします。

▼若苗で定植する

好光性種子なので、覆土は薄めにします。コート（ペレット）種子の場合、タネの頭が見える程度に覆土しますが、新聞紙をかけるなど、乾燥を防

レタスの観察のポイント

	正常な姿	チッソ過多の姿
葉脈間	盛り上がりが小さく、なめらか	盛り上がりが大きくボコボコ
葉の縁	波打ちが小さい	波打ちが大きい
生育初期の生長点	黄緑色	緑色
葉の発生角度（葉序）	144度で展開し、6枚目が1枚目と重なる	6枚目が1枚目と重ならない
結球開始後	しっかり巻いている	巻きがあまい

げるなら覆土はしなくても大丈夫です。播種して1~2日過ぎて、発芽した後も新聞紙をかけ続けたり、深播きをすると徒長します。

近年はハウス内でセルトレイを使った育苗が一般的ですが、根巻きするまで置いてしまうと老化苗になります。本葉2~3枚までに植えましょう。

特に機械植えの場合、しっかりとした根鉢を形成させるために根巻きするまで置いて、毛細根の少ない老化苗になりがちですが、それでは高品質のレタスをつくるのは難しくなります。

▼夏の高温乾燥対策

レタスのタネは25℃以上だと発芽しません。また発芽後も、23℃以上で生育が抑制されます。夏場の育苗には、次のような高温乾燥対策が有効です。

・播種前、冷蔵庫内で２~３日浸種。
・白色のセルトレイを使う。
・播種後、トレイごと冷蔵庫に入れるなど、発芽まで涼しい場所に置く。
・出芽まで乾かないようにかん水。
・発芽後は、風通しのよい台に移す。
・遮光率30％のネットで被覆（光飽和点は2万５０００ルクス）。

ソイルブロック（練り床）苗は毛細根が多く、また通気性・保水性に優れるため特に夏場におすすめです。

▼初期の根張りが結球を左右する

レタスは定植後約15日までは非常にゆっくり生長し、葉色も定植前と比べ淡くなっていきます。しかしたとえ葉が黄色になっても、追肥してはいけません。定植後は地上部の生育より根張りを優先する時期なので、葉色は淡くなるのが自然なのです。「イネの三黄（さんおう）」（田植え後と幼穂形成期、収穫期は自然と葉が黄化する）と同じです。

この初期の根張りで、結球の充実が決まるといっていいでしょう。外葉の光合成による養分が結球葉に送られ結球するので、根張りが悪く、外葉が生育不良だとうまく結球しません。やはり元肥は入れすぎないことが重要です。

▼レタスは好石灰植物

レタスの養分吸収量は10ａ当たりチッソ８・４kg、リン酸１・１kg、カリ14・１kg、石灰２・８kg、苦土１・１kgといわれています。レタスはカリの吸収量が多く、特に結球期に必要です。

とはいえレタスは好石灰植物です。カリ過剰は石灰欠乏を起こすので、石灰、苦土、カリは５：２：１（当量比）のバランスを必ずとります。酸性土壌だと根の先端が丸まり生育が止まるので、pHは６~６・５とします。

作型にもよりますが、一般的な施肥基準だとチッソ成分で15~20kg／10ａが標準のようですが、毛細根の多い苗がつくれれば、たった５kg／10ａで栄養価も糖度も高い高品質のレタスができます。硝酸濃度が低くなることで、さらに貯蔵性もよくなります。

リン酸過剰は微量要素欠乏を誘引するので、土壌分析で35~70㎎／１００gまで、それ以上なら元肥にリン酸はいりません。

▼変形球は硝酸過剰とカリ不足

定植からおよそ15日を過ぎると、葉は１日に１・５~２枚ずつ分化し、生長飛躍期に入ります。その後、品種にもよりますが、早生の場合は本葉12~13枚前後で葉が立ち上がり、結球期に入ります。栄養生長から生殖生長への転換期ともいえます。

結球開始期に生体分析を行ない、外葉付け根部分を測ります。硝酸濃度が2000ppm以下、カリウムイオン4000ppm以上を目指します。硝酸濃度が基準値以下なら、増加する炭水化物量によりC／N比も上がり、結球を促すオーキシン活性が高まるので、適度に締まった結球になります。葉形比（葉長／葉幅）1以下の、幅が広い葉でないとうまく結球しません。

元肥が多く、外葉が硝酸過剰・カリ不足で徒長生育になると、ラグビーボールのような縦長の腰高球になります。結球葉が硝酸過剰で徒長生育になると太い葉脈が盛り上がり「タコ足球」と呼ばれる変形球になります。

また、根傷みするとミネラルの吸収阻害が起こり、カルシウム欠乏の一種であるチップバーン（縁腐れ）が発生します。チップバーンは根傷みが原因で、土壌にカルシウムが足りないわけではありません。根傷みの原因は、高温・乾燥下での水分不足や、低温・低地温下での多肥栽培が考えられます。

▼積算温度を収穫の目安に

レタスは適期収穫も大切です。食味官能評価によれば、甘みや歯切れが一番いいものは適期に収穫したものです。一方若どりのものは軽く、葉の弾力（パリパリ感）は高めですが、若干の渋みがあります。とり遅れると重量はありますが、葉の弾力は弱く、強い渋みを感じます。

とり遅れ防止には、結球開始期から日ごとの平均気温を合計した積算温度が役立ちます。早生で350～380℃、中生で400℃前後、晩生で450～500℃が適期収穫の目安です。

根傷みが原因で起こるチップバーン（縁腐れ）

収穫時の理想値

測定部位	硝酸イオン	カリウムイオン	糖度
全体の平均	1200ppm以下	3000ppm以上	4以上
外葉の付け根近く	2000ppm以下	4000ppm以上	3以上

数値は季節や品種によって変動する

ネギ

●ヒガンバナ科

ネギの葉を切って、上から見たところ。いいネギは葉が扇状に均等に広がり、ヌル（粘液）が多い

葉の付け根が少しゆがんでいて、ヌルが少ない

低硝酸のネギは細胞が緻密で火のとおりがよく、スジっぽさがなくて甘みがあります。葉の中のゲル状の粘液（ヌル）は免疫細胞を強化する優れもので、低硝酸のネギほど多いのが特徴です。

正常生育中のネギの姿

正常に生育している長ネギの場合、葉が１８０度ずつ交互に、扇状に展開します。徒長生育の場合、多くはこの扇状が崩れてしまいます。

いいネギの葉は鮮緑色で、表皮全面を淡い白粉（ブルーム）が覆っていて、傷や変色がありません。根傷みするとブルームが出ず、食味も落ちます（ただし、障害が大きいと逆にブルームが多く発生することもあります）。

軟白部は純白で、縦スジだけでなく横スジも入って網目のように見えるもの。葉はぷっくりと太く、葉先の締まりのよいもの（マムシの尻尾のようにキュッと締まったものがよく、アオダイショウのようにひょろひょろしたものはよくありません）。根元がラッ

葉がぷっくり太く先端が締まっている。首はグローブのように詰まっている

葉が細くひょろひょろ徒長気味

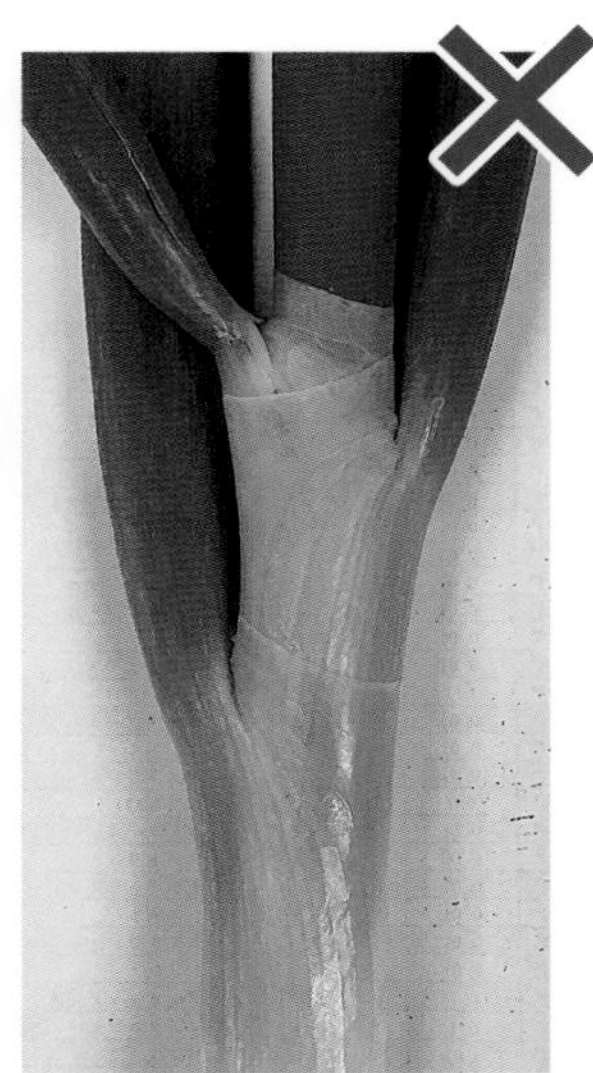

首が長く徒長気味

キョウのように膨らんでおらず、上から下まで同じ太さでまっすぐなもの。葉と軟白部の付け根部分（首）が（グローブのように）短く詰まっているもの。

こうしたいいネギの葉を切ると、中の粘液が多いはずです。このヌルには、免疫を高める活性物質マンノース結合レクチンとソーマチン様タンパク質が含まれています。市場出荷では葉身を半分以上切り落としてしまいますが、直売所では葉付きのまま販売し、ヌルの健康機能性を消費者にPRしたいところです。

そしていいネギは、生で食べても辛みや嫌みがなく、甘みがあります。

ネギの観察のポイント

	正常な姿	チッソ過多の姿
葉色	鮮緑色	濃緑色
ブルーム（白い粉）	葉面全体を淡く覆っている	発生が少ない（根の障害が大きいと逆に発生が増えることも）
葉の形	葉はぷっくりと太く先端が締まっている	葉は細長くひょろひょろ徒長気味、折れやすい
葉の内部の粘液	多い	少ない
葉の発生角度（葉序）	180度で扇状に展開している	扇状が崩れ、葉の展開が捻れている
葉と軟白部の付け根部分（葉鞘部）	首は短く締まっている	首が長く徒長している

生育中の長ネギ(軟白部)の理想値

硝酸イオン	カリウムイオン
300 ～ 500ppm以下	2000ppm以上

収穫時の理想値

	測定部位	硝酸イオン	カリウムイオン
秋冬	葉身	50 ～ 150ppm以下	2000ppm以上
	軟白部	100 ～ 200ppm以下	2500ppm以上
春夏	葉身	200 ～ 300ppm以下	1500ppm以上
	軟白部	200 ～ 300ppm以下	2000ppm以上

ネギは測定値にバラつきが出るので、ミキサーにかけてからニンニク絞り器で液をとる。秋から冬に向かって硝酸値は下がる。厳寒期は軟白部で100ppm以下が目標

生育中の硝酸イオンとカリウムイオンの理想値は右のとおり。硝酸イオンを測って、基準値より高く、生育に問題がない場合、追肥は必要ありません。

低硝酸栽培のポイント

▼まずは低温発芽

ネギは根傷みしやすい作物です。「低温育苗」で、いかに毛細根を出すかにかかっています。毛細根が多いと、細胞分裂を促すサイトカイニン活性が高まり、ミネラルの吸収が増えてガッチリした生育になります。

まず、ネギの「低温発芽」については、山形県山形市の吉田竜也さんのやり方が参考になります。ネギの根の最低伸長温度は2℃、根毛は8℃であることがわかっています。温床を通常の20～25℃設定にすると、早く発芽する代わりに根量が少なくなります。発芽温度は10～15℃設定とします。吉田さんは12℃で15日以上かけて発芽させています。発芽が遅いぶん、通常より10日前後早く播種すればいいわけです。

浸種にもコツがあります。ネギはコート種子が一般的になり、浸種が難しくなりました。そこで、トレイに通常どおり播種してかん水。そのまま(凍らない程度に)温度をかけずに2～3日置いてから、温床を12℃設定にします。こうすると、種子内のデンプンが十分に糖化し、発根量が増えます。

通常、発芽したネギの子葉先端にはコートと種皮がついていますが、低温発芽の場合は土中に置いてきます。

▼少チッソ低温育苗

発芽後も根の最低伸長温度を下回らない程度に低温でじっくり育苗します。ただし、冬場は低温障害を起こさない程度に、水温を13～20℃程度に調整してかん水することをおすすめします。

また、初期の根は濃度障害を受けやすいので、床土の肥料分は極力少なくします。特にチッソが多いとジベレリン活性が強まり、徒長苗となります。

暑い時期の育苗では、遮光して温度を下げます。ネギは光飽和点2万5000ルクスの半陰性植物です。ただし、遮光が強すぎると軟弱徒長するので、遮光率は30～50%程度にします。

通常の育苗では葉が徒長するため剪葉しますが、エネルギーのロスです。低温育苗なら太くて短いガッチリ苗になるので、剪葉は必要ありません。

▼施肥はカリ中心に

ネギの養分吸収量は、春まき秋冬どり栽培で反収5・4tとすると、チッソ24kg、リン酸7・4kg、カリ28kg、

石灰18kg、苦土5・7kgといわれています。カリの吸収量が最も多くなりますが、元肥でカリをどっさり入れるのではなく、追肥型とします。施肥基準ではチッソを元肥で10kg程度、追肥も含めて20~25kg施用しますが、元肥は0~5kg、追肥もトータル10kg以内で十分育ちます。硝酸濃度が低いネギはジベレリン活性が過剰にならず、生育はゆっくりですが根張りがよくなり、サイトカイニン活性が高まるので細胞数の多いガッチリしたネギができます。

また、有機物の多投はタネバエの発生を招きます。堆肥は完熟したものを必要最小限にし、緑肥などのすき込み後も、分解期間を十分とってください。近年タネバエの幼虫による欠株被害が深刻になっているので注意が必要です。

タネバエの幼虫が株元を食べてしまう

▼定植後半月が発根ステージ

ネギは乾燥には比較的強いものの、多湿には弱く、排水の悪い圃場では浅めに定植します。根が酸素不足になるとジベレリンとサイトカイニンの合成が抑制、アブシジン酸とエチレンの合成が促進され、老化が進みます。

苗はしっかりかん水（またはドブ漬け）してから定植し、定植後に株元かん水すると初期の根張りがよくなります。裏ワザとして、「発根団粒元」（土微研）を2000倍で溶かしてかん水すると、効果倍増です。

定植して約半月は発根ステージなので、葉色が淡くなります。肥料が足りないと勘違いして追肥してしまうと、根張りが悪くなります。定植後10~15日たてば自然と葉色が戻るので心配いりません。慌てずゆっくり生育させることで、根が張りサイトカイニン活性が高まるので、太くガッチリ育ちます。

▼土寄せは少量多回数

早く大きくしようと、早めに深く土寄せすると、逆に太りません。深い土寄せで、首の部分が埋まると徒長し、根を切るとサイトカイニン活性も弱まり、葉が折れやすくなります。ネギが乾燥に強いのは、葉身に保水器官があるからです。葉が折れるとその保水機能が失われて、乾燥に弱くなります。気孔の開閉運動が悪くなり光合成能力も低下、気孔から病原菌侵入のリスクも増えます。手間はかかりますが、土寄せは少量ずつ、回数を多くします。

土寄せ時に毎回追肥する必要はありません。生育が順調なら追肥はせず、追肥する場合も少肥が原則（チッソで10a2kg以内）。多肥は徒長生育による葉折れ、病害虫多発などの原因です。

また、普通は追肥後に土寄せしますが、土寄せ後に通路に追肥します。寄せた土に根が伸びますが、それよりも下の根でゆっくり少しずつ吸わせたほうが、徒長生育になりにくいのです。

アスパラガス

●キジカクシ科

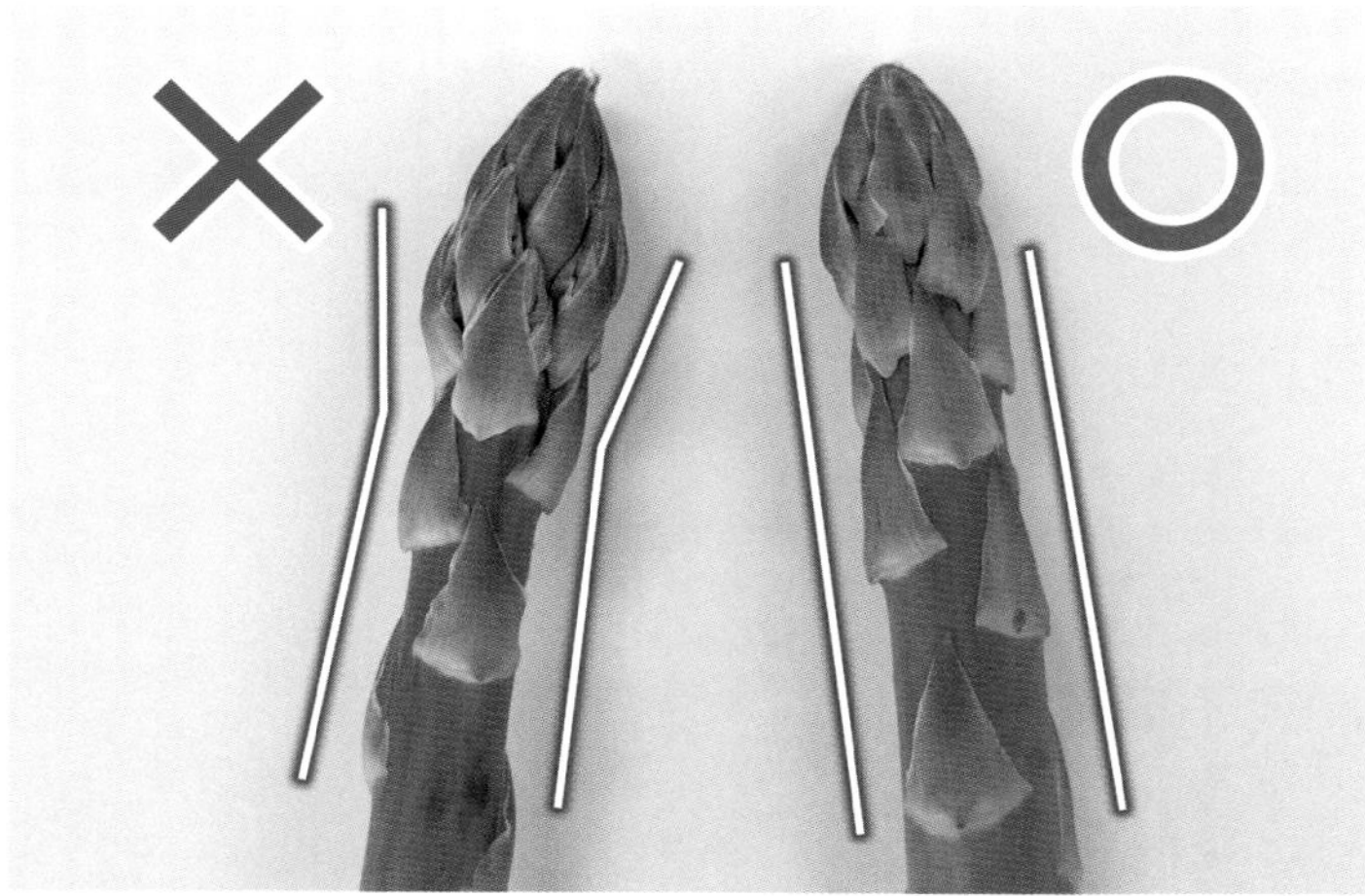

茎の断面は真ん丸が正常

硝酸過剰になると穂先の下が細くなる。正常なものはすーっと一定の太さ

アスパラガスの収量と品質は、根量と貯蔵根の蓄積養分に大きく左右されます。根量や貯蔵根の蓄積養分が多いほど、低硝酸のおいしいアスパラガスがたくさんとれます。

アスパラガスの見方

健全に生育したグリーンアスパラガスの茎は緑色で、表皮全面を淡いブルーム（白い粉）が覆っているのが特徴です。外皮に傷・変色もありません。状態がいい株ほどアスパラガスは太く、硝酸が低く、カリは高くなります。

茎を切ったときの断面は緻密でみずみずしく、形は真ん丸です。穂先の形は、太筆のようにふっくらとしてしっかり締まっています。また、ハカマ（鱗片葉（りんぺんよう））のついている位置は規則正しく、形は正三角形で、先端が茎にぴったりと張りついているのが理想です。こういうアスパラガスは生で食べても、えぐみが少なく甘みが強いものです。

養分吸収や光合成がうまくいかず、

茎から出る側枝の角度を見る。コマツナやイチゴの展葉同様、正常に生育している株では側枝が144度ごとに出るので、写真のように①と⑥が同じ角度につく（赤松富仁撮影）

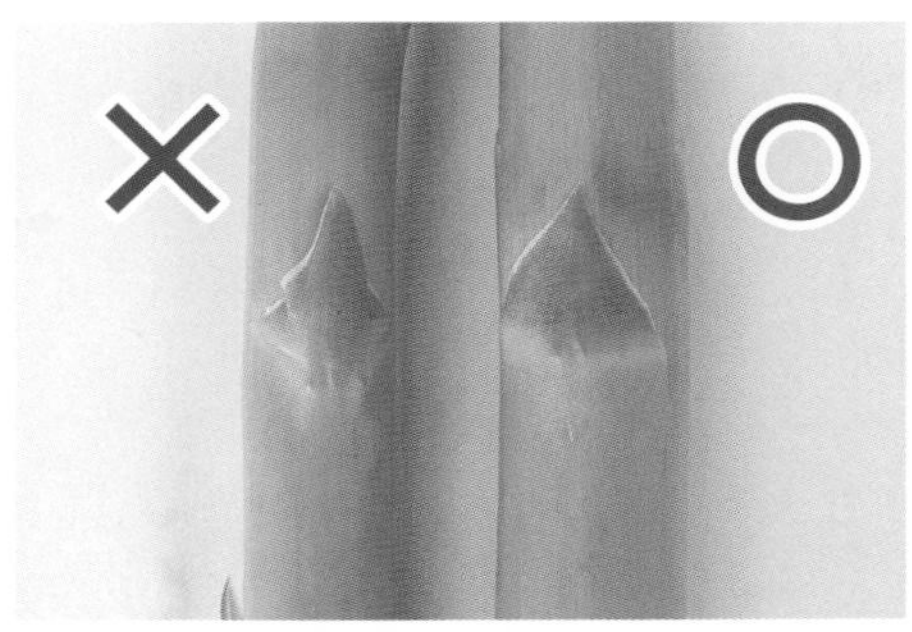

健全に生育するとハカマの形は正三角形になる

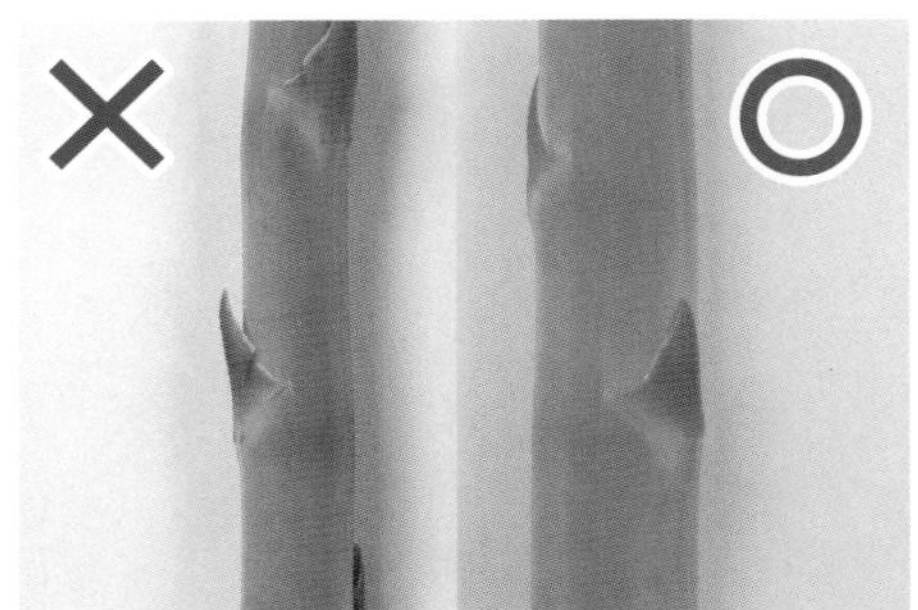

ハカマの先端がピタリと張りついて開いていないのが正常

生育のバランスが崩れると、茎の断面が扁平になったり、ハカマが二等辺三角形に近くなったりします。硝酸が高いと茎は細くなり、繊維の割合も増え、筋っぽくなります。

立茎後の管理が大事

アスパラガスの根は深根性で、養水分を吸収するだけでなく、茎葉でつくられた光合成産物（同化養分）を貯蔵する役割もあります。一度通路を掘っ

アスパラガスの観察のポイント（立茎後）

	正常な姿	チッソ過多の姿
葉色	鮮緑色	濃緑色
繁茂状況	立茎本数が適正で、茎葉が過繁茂になっていない	立茎本数が多く、茎葉が過繁茂になっている
茎から出る側枝の角度	144度ごとに出て、6本目と1本目が同じ角度	144度ごとに出ず、6本目と1本目が重ならず捻れている
茎葉黄化期の様子	晩秋になると茎葉が黄化し養分が地下茎に転流する	晩秋になっても茎葉の緑色が抜けず養分の転流が悪い

てみてください。細い根と太い根が見られますが、細いほうが吸収根で養水分吸収が専門です。太いほうは貯蔵根で、養水分の吸収もしますが光合成産物を貯蔵する役目もあります。

春どりアスパラガスの収量や品質は前年の貯蔵養分で決まりますが、夏秋どりは立茎した茎葉からの光合成産物も利用して収穫します。そのため立茎後の管理が夏秋どりの収量や品質、翌年の貯蔵養分量にも関わってきます。

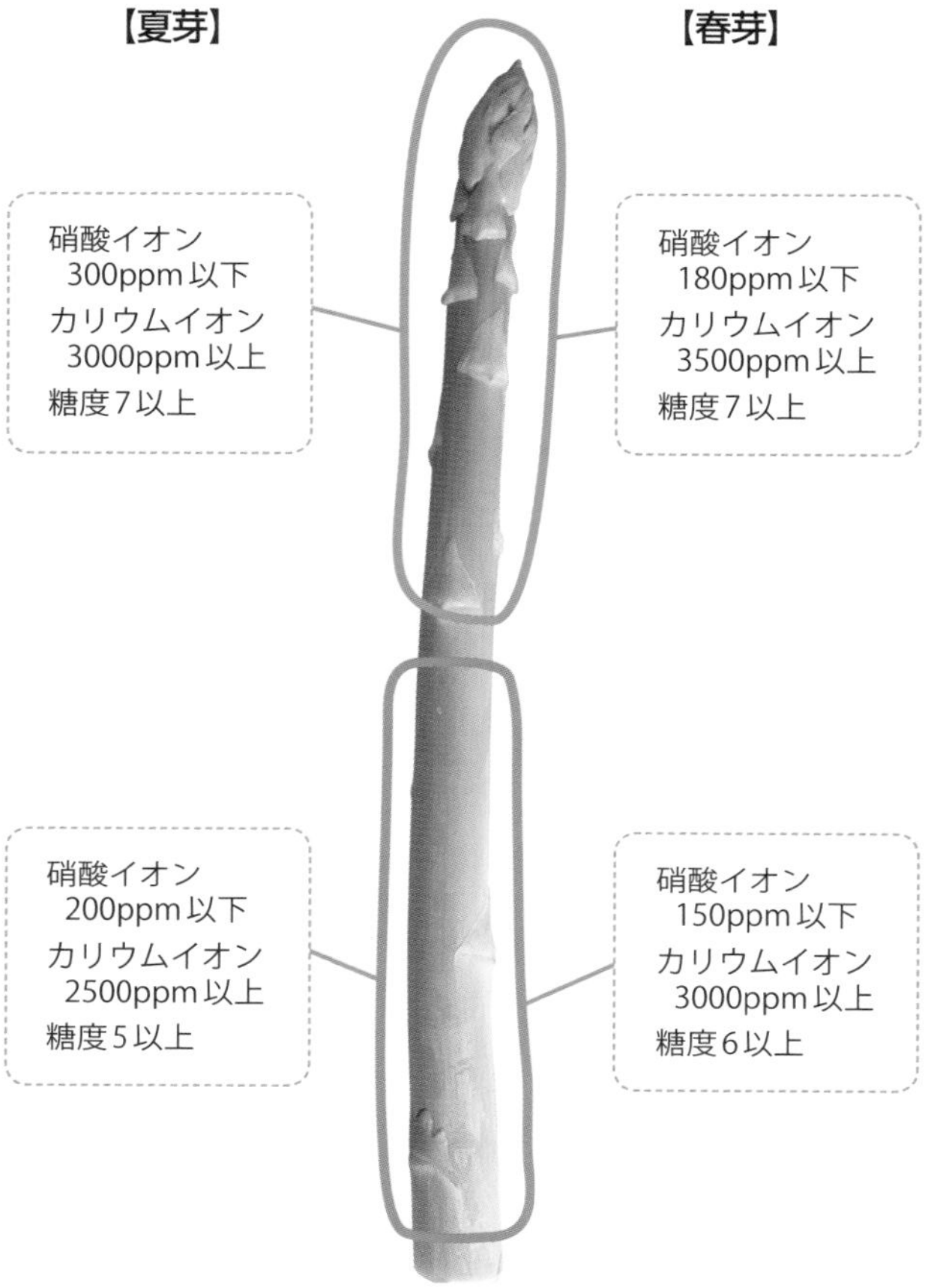

貯蔵養分を増やすコツ

▼カリ欠乏を防ぐ

収量の増加とともにカリも多く使われます。アスパラガスの吸収の多い肥料成分はカリです。

吸収量は多いほうからカリ、チッソ、苦土・リン酸・石灰の順番です。カリが不足すると新陳代謝が悪くなり、光合成効率も低下。酸性体質となり耐病性も低下します。生育期の茎葉のカリ濃度が、6000ppm以上になるように管理しましょう。

▼真夏は遮光も

立茎が多く茎葉が過繁茂になっていると、株の中心部や下のほうが日陰になり、光合成が不十分になります。アスパラガスの光飽和点は4万～6万ルクスといわれるので、過繁茂の場合は立茎本数を抑えて日当たりをよくしたほうがいいでしょう。また10万ルクスを超える真夏には、呼吸増大による消耗を防ぐための遮光も効果があります。

▼夏のハウス内温度を下げる

アスパラガスの光合成に最適な温度は20±5℃といわれています。30℃を超えると伸長が悪くなり、40℃では生育がストップします。そのため、夏はハウス内の温度をいかに下げるかが課題になります。

例えば、ハウス妻面の上部換気や側面の肩部のビニールをなるべく上に

アスパラガスの理想値の目安

	【夏芽】	【春芽】
穂先側	硝酸イオン 300ppm以下 カリウムイオン 3000ppm以上 糖度7以上	硝酸イオン 180ppm以下 カリウムイオン 3500ppm以上 糖度7以上
基部側	硝酸イオン 200ppm以下 カリウムイオン 2500ppm以上 糖度5以上	硝酸イオン 150ppm以下 カリウムイオン 3000ppm以上 糖度6以上

持ってきたり、循環扇を設置したりといった対策があります。通路かん水による気化熱の利用も有効です。

地温についても、根の好適温度は18～25℃といわれています。根が25℃以上の高温障害を受けると根毛が傷み、体内のカリウムなどが根から溶脱したり、選択的養分吸収阻害（プラスイオンの石灰、苦土、カリが吸われづらくなる）が起き、新陳代謝が低下。品質低下や生理障害などが発生します。

貯蔵根

貯蔵根の糖度を測る

アスパラガスの根。写真奥に株がある。地下部への養分転流が終わる晩秋から冬場に糖度計（ブリックス計）で測定。短くてよいので貯蔵根を5本ほど採取し、平均で25以上あれば優秀。目標は20以上

▼土壌水分の確保

アスパラガスにとっても水分が多すぎる状態はよくないが、比較的多めでも排水性がよければ光合成は最大になります。露地栽培では乾燥害もあるので、かん水設備は必要です。地温の高温対策と乾燥害防止のため、通路にワラや防草シートを被覆するのも有効です。

▼茎葉の硝酸濃度は1500ppm以下

根の先端でつくられるサイトカイニンが不足すると、気孔の開閉が不調になります。気孔の開閉が不調になると体温が上昇し、呼吸活動が増大。同化蓄積養分の消費が増え、体力が消耗し収量・品質・耐病性の低下につながります。サイトカイニンを増やすには、深い耕土と団粒構造で根の数を増やすしかありません。

団粒構造ができていない場合は、完熟堆肥や納豆菌などの枯草菌の入った資材などを散布します。定植前であれば、通気性・透水性の悪い粘質土壌や地下水位の高い圃場は避けましょう。

また他の作物と同様、硝酸過剰になるとジベレリン活性が高まり茎葉の生育は旺盛になりますが、光合成効率は落ちます。光合成でできた養分（炭水化物）がチッソ同化に使われてしまうためです。生育期の茎葉の硝酸濃度は1500ppm以下で管理したいところです。

アスパラガスは肥料食いといわれますが、適切な管理でしっかりと光合成させてやれば、元肥は通常の3分の1程度でもおいしいアスパラガスが収穫できます。

ダイコン、ニンジン

●アブラナ科、セリ科

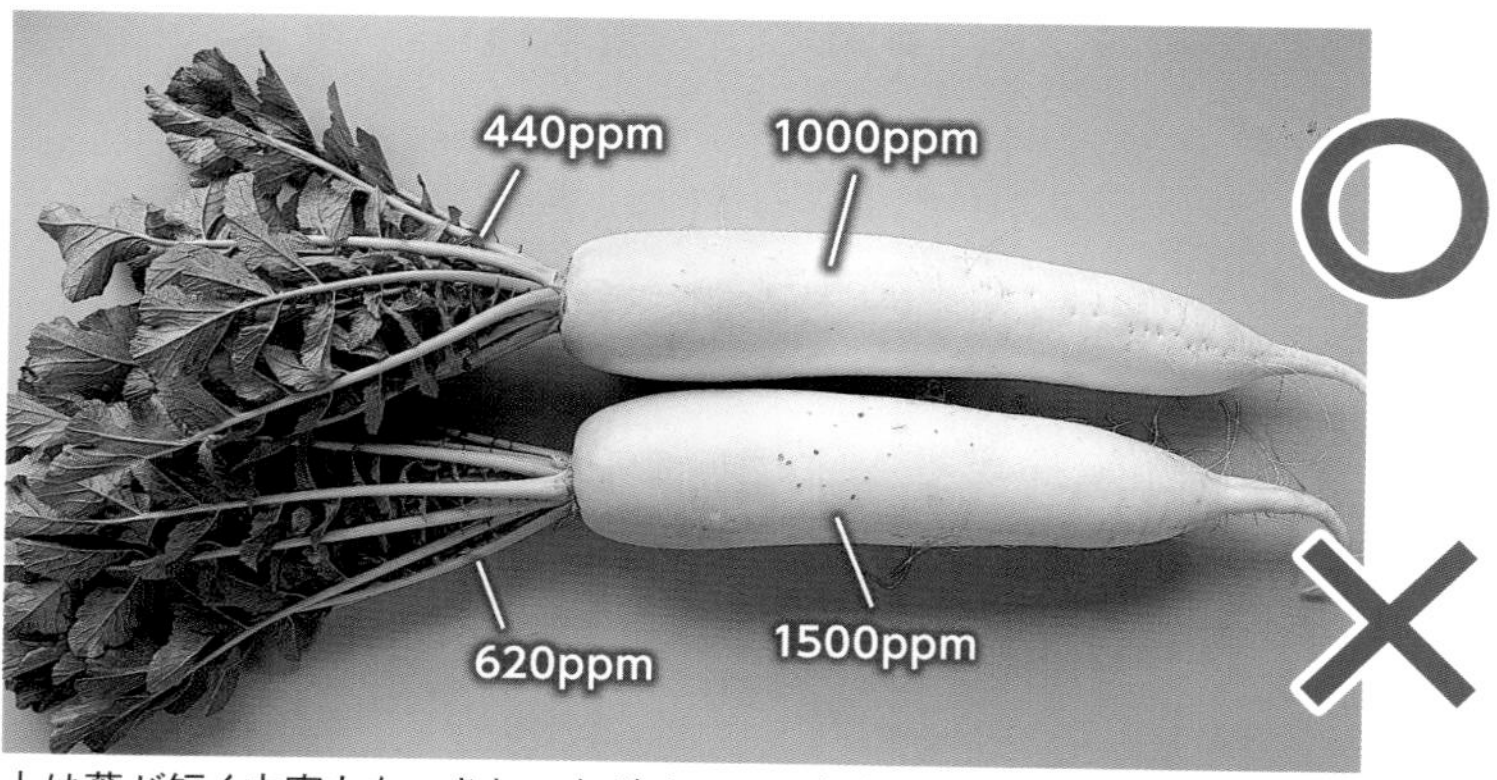

上は葉が短く虫害もないきれいなダイコン。硝酸を測ってみると葉の基部が440ppm、根部中央が1000ppmだった。下は葉が長く虫害がある。硝酸の数値は葉の基部が620ppmで、根部中央が1500ppm。葉は適正値だが、根部は硝酸過剰

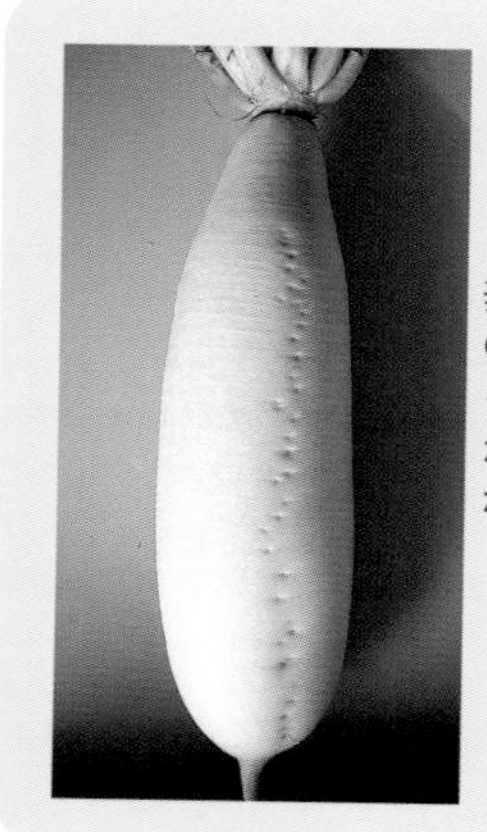

表面の小さい穴の列が揃っている。右写真と形が違うのは品種が違うため

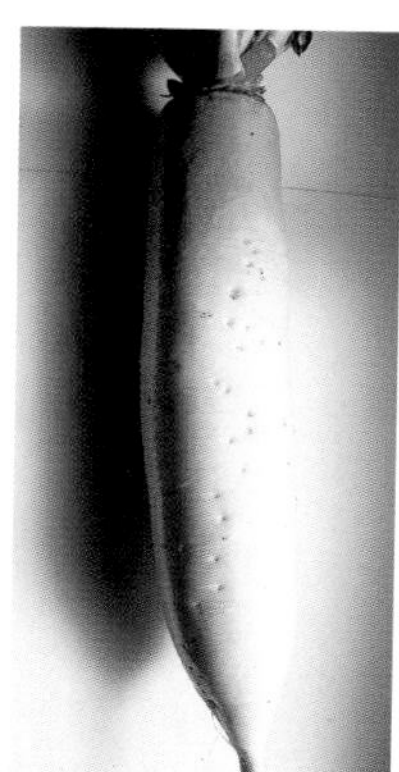

表面の小さい穴（吸収根の痕）の列が揃っていない

ダイコンとニンジンはどちらも刻みがあるコンパクトな葉で、キャベツなどに比べると光合成効率がいい野菜です。また、深根性でもあるなど、共通点も多いので一緒に解説します。

ダイコンの生育診断

ダイコンは生育中は葉を、収穫後は根部を見ます。

まず葉は、外側の古い葉の色が鮮緑色で照りがあり、芯（生長点）の葉色が黄緑色になります。また、1枚の葉を見たとき、小葉（複葉）は等間隔で茎葉のほぼ同じ場所から左右対称に出ます。形は先端に丸みがなく、とがり気味です。硝酸過剰になると、芯が濃い緑になって黄緑の部分が少なくなります。植物ホルモンのバランスが乱れ、各小葉も左右対称でなくなります。

根部では、表面にある小さい穴（吸収根の痕）を見ます。この穴が縦に等間隔でまっすぐ並んでいるものは、全体の形も先端まですらっとした同じ太さになります。硝酸過剰になると、徒長するため穴がひねったような並びに

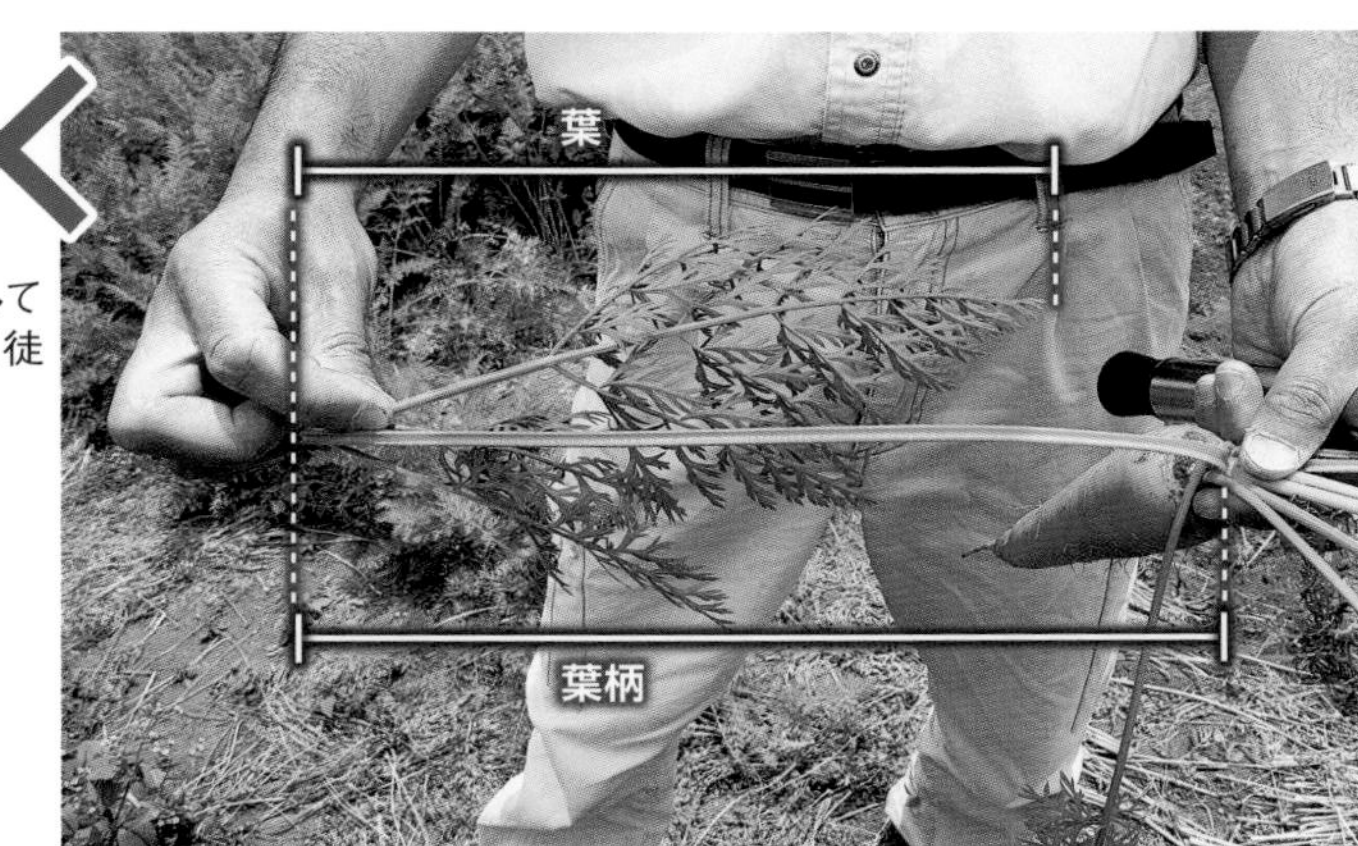

葉の付け根から折り返してみた。葉より葉柄が長く徒長気味（赤松富仁撮影）

高品質なニンジンは葉の付け根が凹み気味で肩が張る。硝酸濃度は460ppm、カリは3000ppm

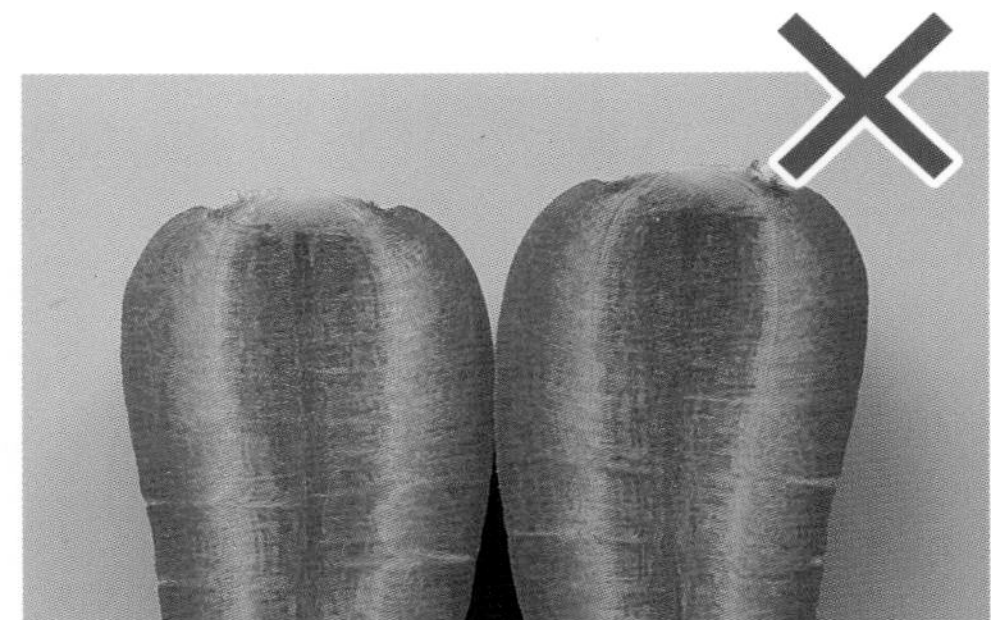

硝酸過剰のニンジンはなで肩になる。硝酸濃度は1400ppm、カリは2000ppm

なり、根部に曲がりが出ます。根部は葉より長くなるのが理想です。

ニンジンの生育診断

ニンジンも葉と根部を見ます。

葉でわかりやすいのは、葉と葉柄の

ダイコンの観察のポイント（地上部）

	正常な姿	チッソ過多の姿
葉色	鮮緑色で照りがある	濃緑色で照りがない
小葉（複葉）のつき方	等間隔で左右対称	間隔がずれていて左右非対称
小葉（複葉）の先端	とがり気味	丸くなっている
生長点の葉色	黄緑色	外葉と同じ濃緑色か黄緑の部分が少ない

ニンジンの観察のポイント（地上部）

	正常な姿	チッソ過多の姿
葉色	鮮緑色で照りがある	濃緑色で照りがない
生長点の葉色	黄緑色	外葉と同じ濃緑色か黄緑の部分が少ない
葉柄の長さ	葉身と葉柄が同じか、葉柄のほうが短い	葉身より葉柄のほうが長い

長さの違いです。葉柄のほうが長いのは硝酸過剰で徒長している証拠。適正な株は葉のほうが長くなります。葉色は芯が黄緑、外葉は鮮緑色で、照りがあります。

根部は品種により先端まで太るものや、すらっとスマートなものがありますが、総じてふっくら感のあるのが理想です。また、なで肩なニンジンは硝酸過剰。葉の付け根がやや凹（へこ）み気味で、肩部分が張っているのが適正で、そういうニンジンには曲がりもなく、傷や割れもありません。ダイコン同様、ニンジンも適正なものは、表皮にある小さい横スジ（吸収根の痕）が等間隔で、きめ細かく配置されています。色は、鮮紅色でつややかな照りのあるのが理想です。

硝酸が少ないおいしいダイコンとニンジンの姿

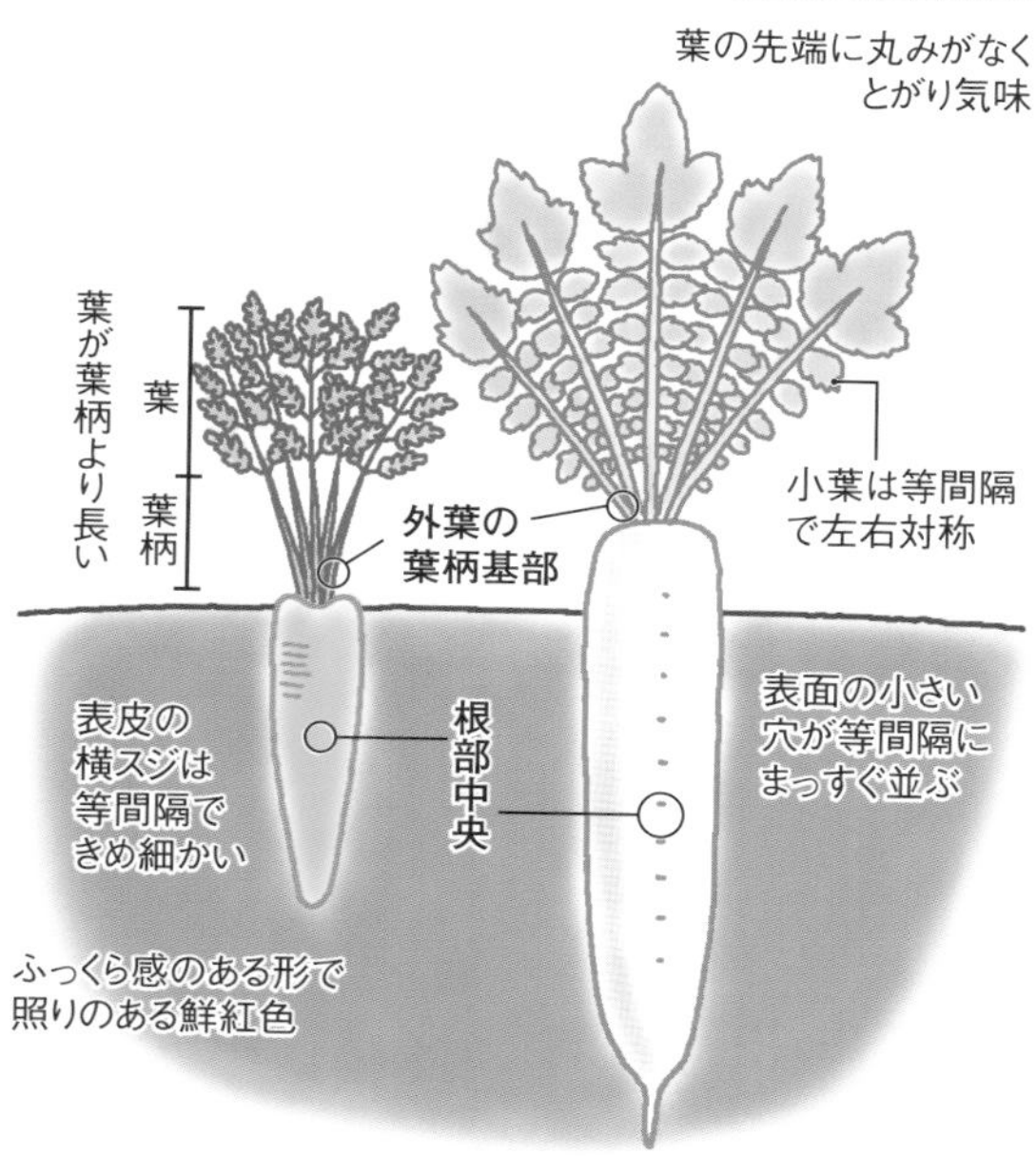

収穫時の理想値

	測定部位	硝酸イオン	カリウムイオン
ダイコン	外葉の葉柄基部	2000ppm以下	3000ppm以上
	根部（中央）	1000ppm以下	3000ppm以上
ニンジン	外葉の葉柄基部	1000ppm以下	6000ppm以上
	根部（中央）	400ppm以下	4000ppm以上

本葉7枚目頃までに性質が決まる

ダイコンは本葉3～4枚の頃に「肥大根の初生皮層（しょせいひそう）のはく脱」が始まります。これはダイコンになる予定の根の薄皮が破れて、脱皮するように根がダイコンになる現象です。本葉7枚目頃までに終わり、その後活発な細胞分裂により肥大が進みます。この本葉7枚目頃までに光合成能力の高い低硝酸の生育にすることが、高品質なダイコンづくりにつながります。このとき、葉の硝酸濃度は２０００ppm以下にしたいところです。

ニンジンもほぼ同様で、本葉4～7枚目頃までに、いいニンジンになるかどうかおおよそ決まります。葉の硝酸濃度の基準は１０００ppm以下が理想です。

播種前には浸種する

ではダイコン・ニンジンで、この初期の生育を低硝酸にするためにはどうすればよいでしょうか。私は、天候以外に、播種と土壌条件でほぼ決まると考えています。

まず播種です。ダイコン、ニンジンに限りませんが、浸種してから播くと、その後の発根・発芽がよくなります（109ページ参照）。

種子の内部は大部分がデンプンですが、エネルギーとして利用するには、分解して糖にしなければなりません。浸種すると、水を吸ってデンプンの糖化が始まるので、より多くのエネルギーを発根に使うことができます。すると発根量が増加。ミネラルを吸収する毛細根も増え、硝酸過剰になりにくい性質になります。

正常な株は外側の古い葉の色が鮮緑色で、芯（生長点）が黄緑色

コート種子でも浸種は可能です。平らな箱に重ならないよう種子を広げ、まんべんなく水をスプレー噴霧します。3～5分間置き、再度スプレー。これを3～4回繰り返し、播種前に機械播きできる程度に乾かしてください。

またダイコンは発芽しやすいので、生種の浸種は15分程度で十分です。

団粒構造で土壌水分を安定

ダイコンやニンジンの根は、品種にもよりますが地下1～2mにも及びます。そのため耕土が浅いと先端が二股以上になる岐根の原因になります。

土壌水分も重要で、特にニンジンは過乾燥で根の伸長、肥大、着色が悪くなり、岐根も増えます。逆に過湿になると、肌の荒れや根腐れを起こします。水分が安定しない土壌では裂根や皮目肥大（下写真）の原因になります。

これらの障害を防ぐには、水はけがよく水持ちもいい、団粒構造を持つ土が理想です。団粒構造ができていない場合は、少量の完熟堆肥や納豆菌の入った資材などを散布します。

チッソは少なめでOK

肥料に関しても一般的な施肥基準では多すぎます。特にチッソの肥効が中～後期まで続いていると、ダイコンの場合、地上部の葉ばかり大きくなり根部が短くなってしまいます。チッソ過剰は空洞症や裂根の発生も助長。ニンジンでも収量や品質が落ちます。

根から吸収する養分ではダイコンもニンジンもカリが最も多いです。特にニンジンはチッソの2倍ほどカリを吸収します。台風や豪雨の後は、カリが溶脱（リーチング）していますので、葉面散布をしましょう。

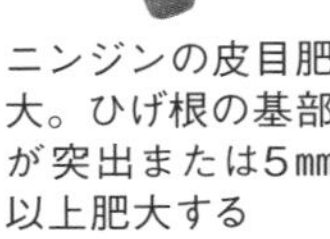

ニンジンの皮目肥大。ひげ根の基部が突出または5㎜以上肥大する

ゴボウ

●キク科

健全に生育したゴボウは弾力があり、大きくしなる

ゴボウは水溶性・不溶性の食物繊維を豊富に含み、抗酸化力は野菜の中でトップクラスといわれています。低硝酸で健全に生育すると、抗酸化力がさらに増し、日持ちもよくなります。

葉柄が締まり、よくしなる

徒長生育したゴボウは葉柄が横に広く開き気味です。他にも二股以上になる「岐根」のゴボウでも広がることがあるようです。健全に生育すると葉柄は縦に立ち、締まっています。

また健全に生育したゴボウの根は肌荒れが少なく、黒ずんでいません。先端まで曲がらず同じ太さで、吸収根（側根）の痕が等間隔にあり、毛細根が多いもの。手に持ってみると、弾力があって大きくしなります。

栽培のポイント

▼耐水性シーダーテープで浸種

播種前に浸種すると発根・発芽がよくなることは、ハクサイで紹介したとおりです（109ページ参照）。ゴボウの場合、シーダーテープを利用した播種が一般的なので、浸種可能なテープ（日本プラントシーダーの「メッシュロン」など）と耐水紙リールを使い、前日に浸種しておきます。

ゴボウの発芽適温は20〜25℃。30℃以上では発芽率が低下するので、高温時の播種は避けます。秋播きで高温になってしまうときは、あらかじめかん水して地温を下げておきます。また鎮圧することで水分や温度の変動を少なくできます。好光性種子なので、浅めに覆土します。

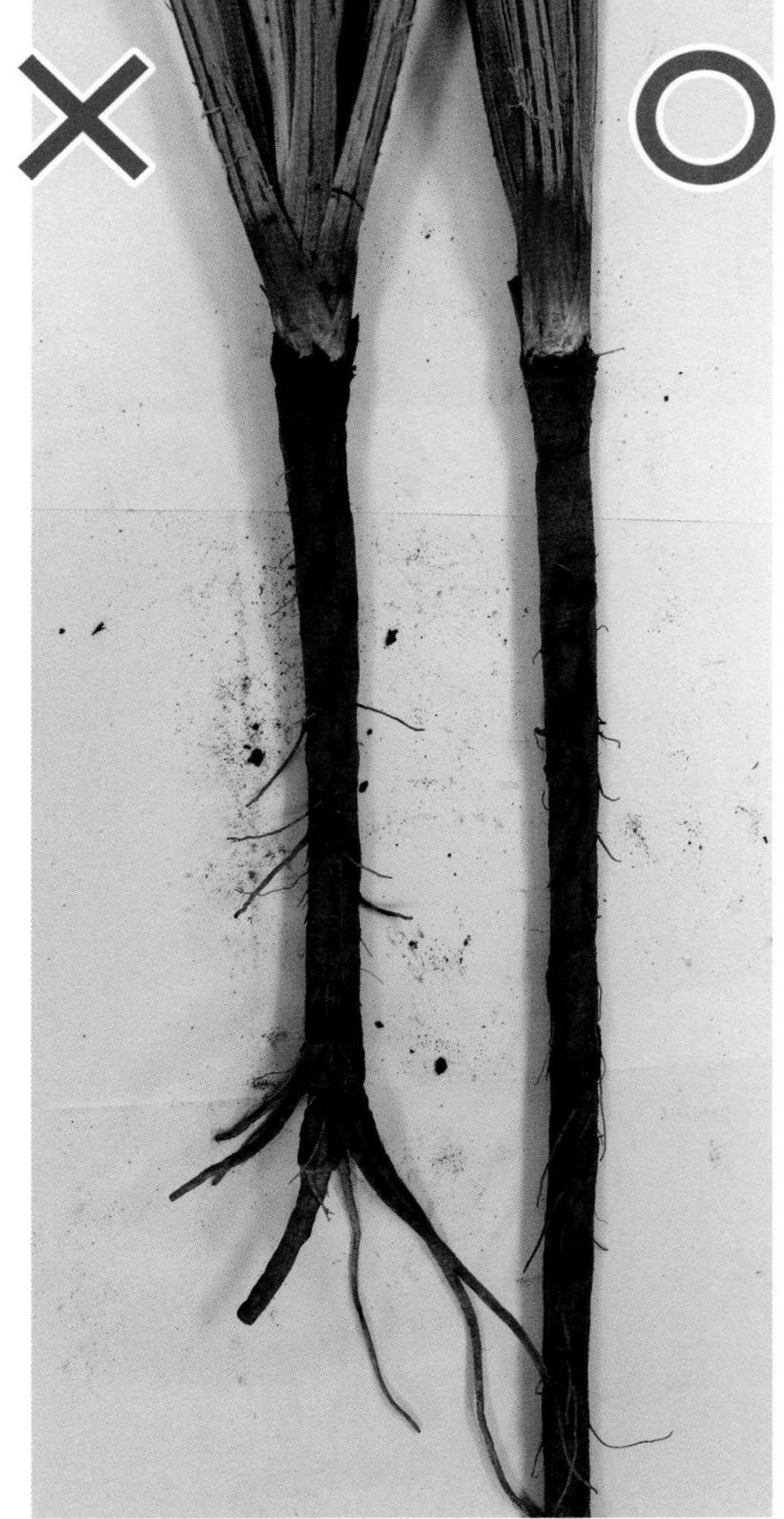

岐根のゴボウ（左）は葉柄が開き気味。健全に生育したゴボウ（右）は葉柄が締まり、吸収根の痕が等間隔

ゴボウの観察のポイント（地上部）

	正常な姿	チッソ過多の姿
葉色	若竹色で照りがある	濃緑色で照りがない
葉の縁	波打ちが少ない	波打ちが多い
展開葉（生育初期〜中期）	上を向いている	下に垂れ下がっている

▼局所施肥がおすすめ

ゴボウの養分吸収量は反収2・5tとすると、10a当たりチッソ13・7kg、リン酸3・8kg、カリ13・3kg、石灰8・6kg、苦土3・9kgだといわれています。チッソとカリが同程度必要です。一般的な施肥量は、元肥と追肥を合わせてチッソとカリが各20〜25kg、リン酸15〜20kgですから、かなり多く施していることがわかります。

ゴボウは根が地中深く入り、地力チッソの利用率も高いので、少量の施肥で育ちます。特に春播きでは、チッソ施用量が多いと葉が茂りすぎ、直根の太りが悪くなります。

ゴボウの施肥には「管理機用ウネ内施肥機」（施肥播種機）がおすすめです。10cmほどの深さに局所施肥できるので、チッソは10a当たり4・2kg（硫安だと20kg）で十分です。硫安、過リン酸石灰、硫酸カリをブレンドし局所施肥することで、低硝酸で日持ちするゴボウがつくれます。

理想は土壌診断を行ない、まず石灰、苦土、カリ（5：2：1）の塩基バランスをとりつつ、全層施肥でpH6・5〜7程度に矯正します。その後トレンチャーで1m以上（できれば1・5m）丁寧に深耕してから、ウネ内施肥機で初期生育に必要なチッソだけ施します。

▼やせた赤土が向く

ゴボウでは畑選びが重要です。肥えた黒土はできるだけ避け、やせている赤土を選びます。赤土のほうが毛細根が多くなり、ミネラルの吸収がよくな

「みずほの村市場」の生産者が使っているウネ内施肥機（総和工業株式会社）（赤松富仁撮影）

るからです。根っこの先端で生成される、細胞分裂を促すサイトカイニンの活性も高くなるので、細胞数が多い高品質なゴボウになります。

排水性も重要です。ゴボウは水に弱く、湛水や冠水で根傷みが起きるので地下水位の高いところは避けます。

基本的に追肥はしませんが、ウネ内施肥機がない場合は元肥を極力減らすか無肥料にして、追肥で補ったほうが品質は上がります。初期に肥効が高すぎると地上部ばかり繁茂し、先細りゴボウになりやすいからです。

台風などの暴風雨の後は、カリなどのミネラルが溶脱（リーチング）するため、病害虫に弱くなり生育が阻害されたりします。他にも初期生育が悪い場合は、尿素（３００～５００倍）

浸種によって発芽率を高めておくと、7㎝間隔で1粒ずつ播種しても欠株の心配なし

生育期のイオン濃度の理想値

測定部位	硝酸	カリ
葉	3000ppm 以下	5000ppm 以上

葉柄基部を測定

ゴボウ（根）のイオン濃度と糖度の目標値

測定部位	硝酸	カリ	糖度
根全体	1000ppm 以下	5000ppm 以上	18 以上

赤土で健全に育ったゴボウ。吸収根が多く、ミネラル類をよく吸収できる

やカリ濃度を高める「K－40」（1000倍）などを葉面散布して回復を促します。

▼輪作してセンチュウ対策

ゴボウの栽培で問題になるのが、岐根や根が黒く褐変するやけ症などの障害です。岐根の主な原因は、害虫由来のものと土壌由来のものがあります。

害虫による被害で最も多いのがセンチュウです。ゴボウの場合、ネコブセンチュウによってコブが形成されることは少ないですが、岐根や短根になります。ネグサレセンチュウでも岐根や短根の他、根の表面にやけ症の一種である黒褐色の斑点症状が多数形成されます。

一般的な対処法としては連作を避け、DDなどによる土壌消毒が有効です。農薬を使用しない場合は必ず輪作し、センチュウの寄生しにくいサトイモなどの作物と輪作をするか、ラッカセイのようなセンチュウ対抗植物を導入します。イネの後作なら土壌消毒の必要はありません。

また作物残渣など、未熟有機物が多いとガスが発生して根傷みを起こし、そこからセンチュウが侵入しやすくなります。必ず十分分解させてから作付けます。また堆肥はコガネムシの幼虫を増やし、岐根の発生を助長することもあるので、施用する場合は完熟のものを少量だけ施します。

▼乾燥期までに根を深く張る

土壌の乾燥や土塊も岐根の原因です。土壌水分が20％以下になると、乾燥による根傷みで岐根になります。初期生育をよくして、冬季の乾燥期になる前に直根を地中深くまで十分張らせることが乾燥害を防ぐポイントです。土塊については、トレンチャーで1・5mほど丁寧に深耕すれば軽減できます。

いずれにしても他の作物と同様、未熟有機物を入れないことや団粒構造のある土づくりが、病害虫や生理障害の発生を軽減します。

サツマイモ

●ヒルガオ科

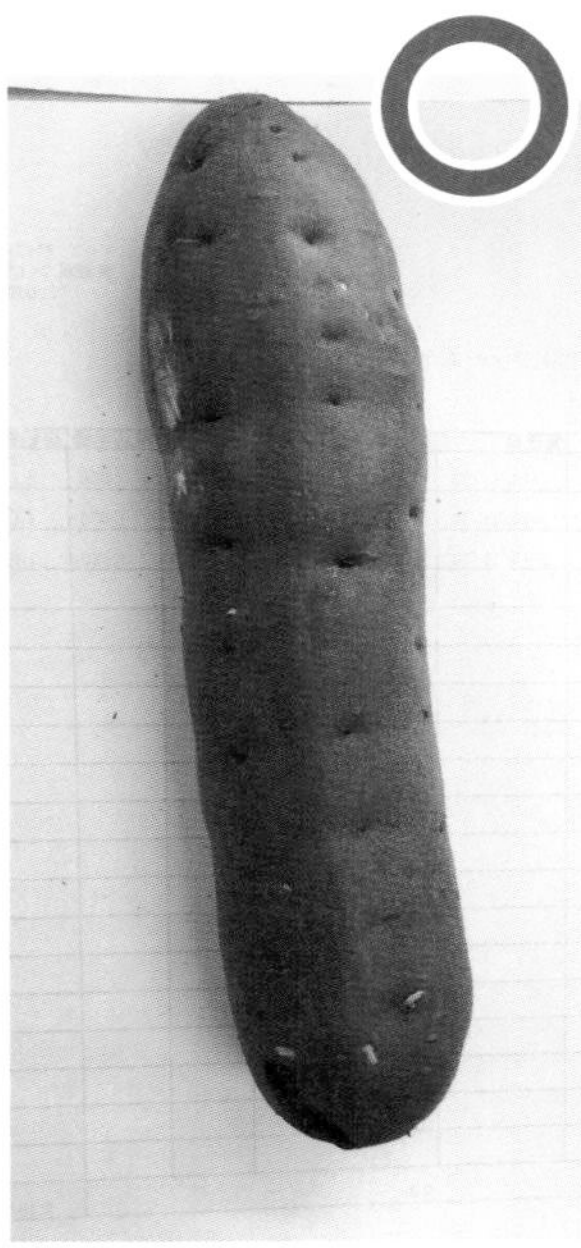

健全に生育したサツマイモ（左）と硝酸過剰なイモ（右）。左は全体がふっくらしてまっすぐで色ムラがない。表面のくぼみ（吸収根の痕）が等間隔にまっすぐ並ぶ。右はくぼみの間隔がまばら。糖度は左14.8度、右11.5度

汁液のカリ濃度を測ると左は4700ppm、右は3800ppm。カリが多いと褐変しにくく、少ないと5分後には茶褐色に変色してしまう

サツマイモは干しイモや焼きイモの消費が伸び、品種はほくほく系からねっとり系へ移行しています。しかし品種が変わっても、貯蔵性が高く高品質なものを栽培する基本は変わりません。

サツマイモも少チッソが基本。やせ地でも育つのは、茎の中に共生しているチッソ固定細菌が空気中のチッソを固定してくれるおかげです。

カリが光合成能力を高める

イモ（塊根）の貯蔵養分であるデンプンを多く生成するには、光合成能力を高める必要があります。そこでカギとなるのがカリウムイオンです。光合成によりデンプンを合成する酵素は、カリを添加すると活性が上がり、特にサツマイモでは7〜8倍になることがわかっています。カリ肥料の適正な施用により光合成能力を高め、イモをさらに大きくできるのです。

またイモの肥大には、細胞分裂を促すサイトカイニンが重要です。主に根

の先端でつくられますが、サツマイモの場合はイモ内部でも合成されます。イモは定植後２週間頃から膨らみ始めますが、イモが大きくなるにつれ勢いを増し、25～60日の間に特に大きく肥大するのはそのためです。

サイトカイニンを増やすためには、カリによる光合成の促進と、毛細根の多い苗づくりがポイントです。

苗づくりのポイント

▼ＭＬサイズを種イモにする

サツマイモは原産地の熱帯では花が咲きタネをつけますが、日本のような温帯では花が咲きにくいため種イモによる栄養繁殖で殖やします。遺伝的に性質がまったく同じクローン個体になるので、種イモ選びが重要です。

種イモはチッソ過剰になっていない畑から掘りあげ、株全体で大きさの揃いや形状がよく、病害のないものを選びます。小さい種イモは萌芽数が少なく、収穫物の揃いも悪くなるので避けます。かといって大きすぎるイモも、採苗数は小イモ以下になることがあるので、ＭかＬサイズを種イモにします。特に硝酸イオン２００ppm以下のも

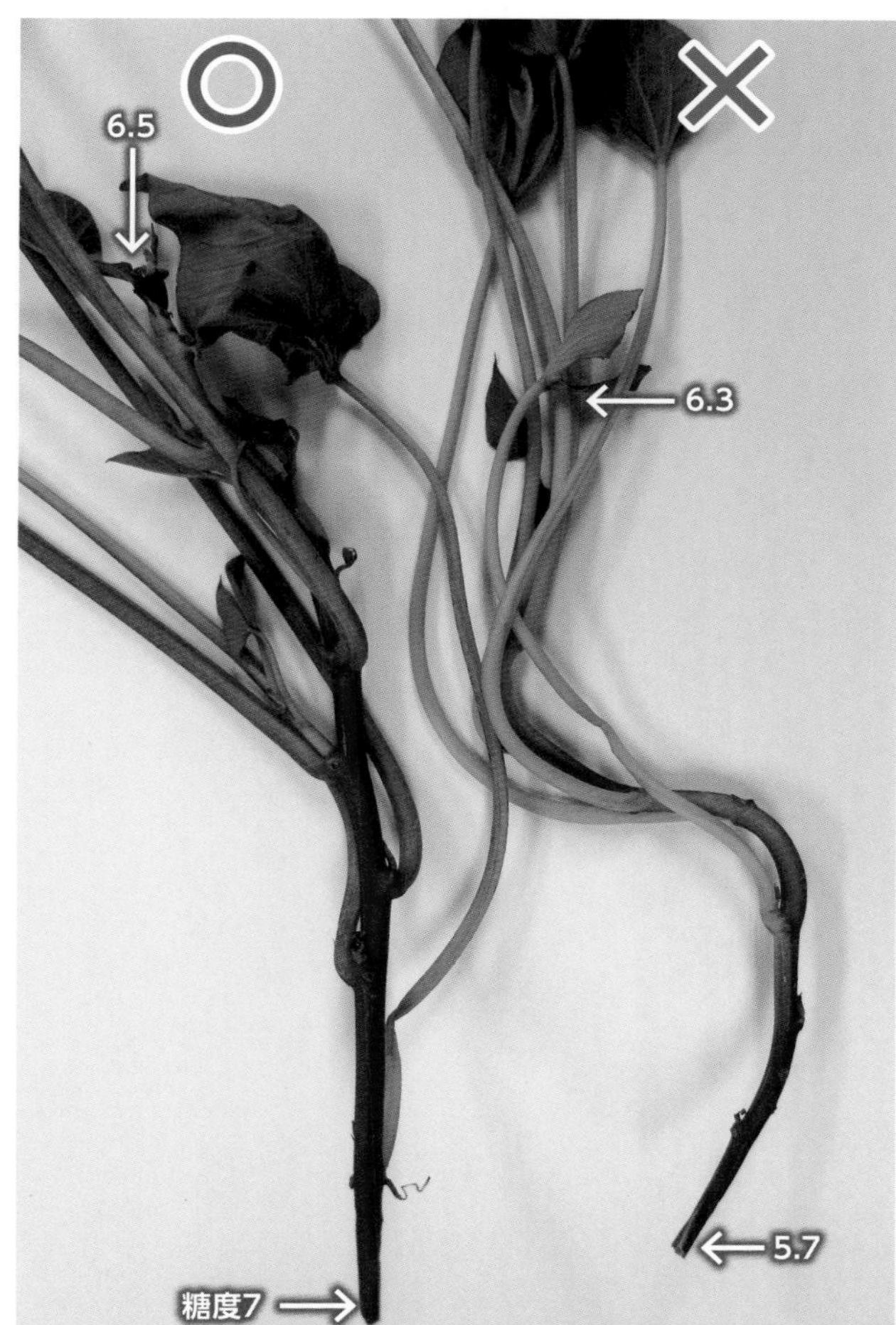

紅はるかの苗。左は基部の糖度が高く節間が短い。養分が下へと向かう活着のよい苗。右は生長点の糖度が基部より0.6度高く徒長気味。節間が若干長い

サツマイモの観察のポイント（地上部）

	正常な姿	チッソ過多の姿
葉色	鮮緑色で照りがある	濃緑色で照りがない
葉の縁	波打ちが少ない	波打ちが多い
上部の展開葉の先端	とがり気味で上向きが多い	丸くなっていて下向きが多い
つる先	水平に伸びている	立ち気味（つるボケ）のものが多い
茎から出る葉の角度	144度ごとに出て、6枚目と1枚目が同じ角度	144度ごとに出ず、6枚目と1枚目が重ならず捻れている

生長点が水平に伸びるのが健全生育

生育ステージ別のイオン濃度の理想値

時期	測定部位	硝酸	カリ
苗	葉	5000ppm以下	7000ppm以上
生育中	生長点	2000ppm以下	5000ppm以上

イオン濃度は葉柄基部を測定。硝酸は８月下旬頃から、低下する

イモのイオン濃度と糖度の目標値

測定部位	硝酸	カリ	糖度
イモ全体	200ppm以下	5000ppm以上	16以上

低硝酸だといい種イモにもなる

のが、貯蔵性がよくデンプン含量の高い種イモの目安です。

▼親株の貯蔵養分を高める

サツマイモの品質と収量は、苗の根原基（イモになる根っこの基）の大小や活性度（発根力）で決まります。どの根原基も大きくするためには、光合成効率を上げ親株の貯蔵養分を高める必要があります。

サツマイモは高温を好むため、育苗期（3～4月）は必ずハウスで育てますが、朝または夕方にかん水します。日中の気温や湿度の急激な変化を避けるためです。適度な湿度がないと気孔が開かないので、乾燥しやすいときは夕方かん水して早朝の湿度を確保します。貯蔵養分を高めるには、チッソ同化促進剤（シャングーなど）を葉面散布する方法もあります。

また、親株の根数が多く根傷みが少ないように、苗床は排水性のよい場所を選び未熟有機物は入れません。親株のサイトカイニン活性が強くなるため、そこからとった苗も、定植した後発根数が多く太くて節間の短い生育をします。

苗の糖度を測り、生長点の糖度が基部より1度以上高いときは徒長苗の証拠。定植しても地表近くのイモは大きくなりにくく、収量は落ちます。

圃場づくりのポイント

▼カリはチッソの2倍

在来品種は耐肥性が低くてつるボケしやすいですが、最近の品種はある程度施肥して多収になるよう選抜されています。ただし、生育後半にチッソが切れないと貯蔵養分がうまく蓄積されず、食味や品質が低下します。

品種にもよりますが、反収2tの場合、10a当たりチッソ10～11kg、リン酸2kg、カリ20kg、石灰5kg、苦土3kgを吸収するといわれています。

土壌分析をして、施肥量は元肥でチッソ成分3kg以下にします。サツマイモにはチッソ固定細菌がいるため、残肥が3kg以上あれば入れません。最近の多収品種では、収量を求めて緩効性肥料を含めチッソ成分で6kg入れることもあるようです。しかし高品質を

正常に生育した株の茎葉。葉が144度ずつ展開し、上から見ると1枚目と6枚目が重なる（右図）。重ならないのは徒長生育

葉の展開の仕方

1 6
3 4 5 2
144°
144°

立てて上から見たところ

目指すなら、やはり3kg以下にしたほうがいいでしょう。

カリはチッソの2倍必要ですが、石灰・苦土・カリのバランス（5：2：1）に気をつけて、塩基飽和度80％を超えることもないよう必要量施肥します。

▼イモ化するための土づくり

土壌環境も重要です。地温が高すぎるとゴボウ根（硬根）になったり、通気性が悪いと細い根のままでイモができません。イモができるということは、不定根の一部が貯蔵組織として発達すること。品質と収量を上げるためには、根がイモ化しやすくなる土壌環境に整える必要があります。

そのため、①土壌の通気性がよい、②カリが多い、③地温が22～24℃と高すぎない畑をつくります。イナワラ堆肥や枯草菌の入った資材などを施し、土壌を団粒構造にします。

定植・収穫のポイント

▼斜め定植で発根を促す

マルチ栽培の場合、透明マルチだと高温でゴボウ根になりやすく、皮脈（イモの表皮に発生するみみずばれ状の隆起）も増えるので、黒マルチや白黒マルチがおすすめです。雨が降った後だと過湿状態が続きイモ化しにくくなるので、畑が乾いているときに張ります。

初期の新根の伸び方が収量に大きく影響します。苗を斜めに定植すると重力や土と接触するストレスが増え、エチレンを合成します。すると発根が促され、節間が詰まった株になります。

▼樹液pHを上げて早掘りの糖度向上

収穫期になると葉の生育は止まり、養分のほとんどがイモに転流するため葉色は落ち、イモの糖度が上がります。ところが8～9月の早掘りだと転流が不十分なため葉が元気で、イモの糖度はなかなか上がりません。

栄養生長傾向が強いまま早掘りする場合、メロンで紹介したようにpHを上げる資材（イオン強化カルシウムなど）を葉面散布します。樹液のpHを上げて秋が来たと錯覚させ、葉や茎の貯蔵養分をイモに転流させるのです。

サトイモ

サトイモ科

葉と葉の角度が144度で、6枚目が1枚目と重なる

おいしいサトイモはきめが細かく、火の通りがよいのですが、おいしくないものは火の通りも悪く、デンプン含量が低くて、えぐみもあったりします。おいしく貯蔵性も高い高品質のサトイモを栽培するには、畑の水分と根っこのサイトカイニン活性がポイントです。

新葉が上向きに立っているか

正常に生育しているサトイモは葉と葉の角度が144度で展開していきます。6枚目の葉が1枚目と重なるように出るのが正常で、そうでない場合は徒長生育になっているかもしれません。

そして、正常に生育している新葉は立性で、ハスの葉のように上向きに開きます。土壌水分が適度に保たれ、根の先端でつくられるサイトカイニンの活性が高い証拠です。

土壌が強く乾燥している場合は、新葉の先端が下向きに垂れ下がっています。根のサイトカイニン活性が落ちていて、細胞分裂も弱いためイモの生育が悪くなります。

イモの縞模様が等間隔か

正常に生育したサトイモは子イモの着生も葉と同様に、親イモから144度の角度で順番についていきます。途中で抜けているような場合は、生育が順調でなかったということです。おいしくないかもしれません。

おいしいイモは外皮に傷や変色がなく、表皮がクリーム色で、毛が茶褐色。ふっくらときれいな丸型（エビイモ系は縦長型）でズシリと重い。表皮のリング状の縞模様は等間隔でハッキリしていて、茶褐色の毛が短く揃って

正常に生育していると新葉が上を向いて立つ

ふっくらしていて、縞模様がハッキリしている（品種はどちらも土垂）。硝酸160ppm、カリ7400ppm

新葉の先がだらんと垂れているのは根の活性が弱っている証拠

細長く、縞模様の間隔が広く徒長している。硝酸1500ppm、カリ4600ppm

いて柔らかいものです。

こういうイモは、切ってそのまま放置しても切断面が変色せず、生で食べても、えぐみがなく、甘みがあります。

栽培のポイント

▼おいしいイモがいい種イモ

このようなおいしいサトイモは、次年度のいい種イモになります。サトイモは、原産地の熱帯地域では花が咲

サトイモの観察のポイント（地上部）

	正常な姿	チッソ過多の姿
葉色	鮮緑色で照りがある	濃緑色で照りがない
葉の縁	波打ちが少ない	波打ちが多い
展開葉（生育初期〜中期）	上を向いている	下に垂れ下がっている
葉の発生角度（葉序）	144度ごとに出て、6枚目と1枚目が重なる	144度ごとに出ず、6枚目と1枚目が重ならず捻れている

カリ過剰の畑で出やすい石灰欠乏。イモが芽なしになる

き、タネもできる多年生植物ですが、日本国内の栽培では一年生です。種イモによる栄養繁殖なので、その品質がとても重要なのです。比重が重い（デンプン含量の多い）大型のものほど生育良好で収量も多く、イモの品質もよくなります。また、切り口に赤褐色の斑点やスジのあるものは、乾腐病に感染している可能性があるので除きます。

イモの硝酸とカリの目標値

硝酸イオン	カリウムイオン
300ppm 以下	6000ppm 以上

硝酸については、子イモ用品種（石川早生、土垂など）< 親子兼用種（唐芋、セレベス、八つ頭など）< 親イモ用品種（タケノコイモ、京芋など）と、親イモが太る品種ほど高めになるが、いずれも種イモ用は300ppm 以下が理想

多湿を好むが過湿はダメ

サトイモは乾燥に弱く、特に生育初期は軟弱根が浅く張るため、乾燥すれば根傷みしてしまいます。

ただし、多湿を好むといっても極端な過湿状態が続くと、根のジベレリン活性が強くなって、イモの形が長くなり品質が低下します。長雨などによる滞水にも意外に弱く、根腐れを起こします。水はたくさん必要なのですが、余分な水は排水される団粒構造の土で育てるのがポイントです。根の分布は半径1ｍ、深さ1ｍにもなるので、翌年水田にしない場合は、プラソイラやサブソイラによる耕盤破砕も有効です。

乾きすぎ、湿りすぎを防ぐためには、ウネ間かん水を定期的に行なうのがおすすめです。散発的にかん水をすると、かえって乾燥害が出やすくなります。一時的なかん水で上根になり、乾燥時に根傷みしやすくなるためでしょう。

２０１８年の夏は、つくば市でもそれまでにない高温乾燥が続きました。かん水設備がないため、除草を最小限にし、あえて雑草を少し生やしておくことでサトイモの乾燥害を軽減している農家もいました。そのサトイモを生体分析してみると、硝酸が少なくカリは基準値より多い値でした。確かによさそうな管理です。収穫時のイモを測定しても、硝酸は２６０ppmと低く、カリは４５００ppmと目標値より低めでしたが、糖度は８・１度と高めで食味が

とてもよいイモができました（サトイモの平均糖度は4・8度）。

▼芽なしは石灰欠乏

サトイモの1t当たりの養分吸収量は、チッソ8・8kg、リン酸4・5kg、カリ21・9kg、石灰4・9kg、苦土2・1kgといわれています。カリがチッソの2・5倍も必要なのです。しかし、かといって元肥でカリをどっさり入れると、石灰・苦土・カリのバランスが崩れてしまいます。

カリ過剰では特に石灰欠乏が起きやすくなります。新葉の縁と葉脈部分が白～黄色になる症状で、こうなると8～9月の台風にも耐えられず倒伏しやすくなります。そして、イモには「芽なし」と呼ばれる芽つぶれ症が発生してしまいます。芽なしは商品価値がなく、腐りやすいので種イモにもできません。表皮の毛が長く伸びた老化イモやひび割れイモも多くなります。

必要なカリは元肥でどっさりやるのではなく、土寄せ時に追肥するのが理想です。チッソについても多肥は禁物。収穫期には茎葉が黄色く、萎れたようになるのが理想です。地上部が青々とした状態で収穫したイモは硝酸濃度が高めで、貯蔵性も悪くなります。

▼疎植にして土寄せ

サトイモは密植すると、地上部が徒長してイモの肥大が悪くなります。子イモ用品種の石川早生や土垂などはウネ間75～90cm×株間30cm以上、親子兼用の唐芋やセレベス、八つ頭などは同90～105cm×45cm以上、親イモ用のタケノコイモや京芋などは同90～105×60cm以上必要です。それ以上密植すると、地上部が徒長しやすく、イモが小さくなってしまいます。

また、最近はマルチ栽培が主流になりましたが、やはりサトイモは土寄せによって育てるのが、品質のよいイモを収穫する基本です。

確かにマルチは初期の地温確保や土壌の乾燥防止に役立ち、収量も増えるようですが、収穫終了まで張りっぱなしだと、孫イモの数が増える代わりに子イモの品質を落としています。これは、土寄せできないために深植えし、その結果種イモ部分の地温が上がらず発芽が遅れ、土の圧迫により親イモや子イモが長くなってしまうからです。

そもそも、地温確保や土壌の乾燥防止が有効なのは6月中旬頃までです。そこで、6月下旬までにマルチをはいで、追肥と土寄せをすることをおすすめしています。1回目の土寄せは子イモの数を増やし、7月下旬の梅雨明けに行なう2回目は乾燥防止と子イモの肥大、孫イモの数を増やすのが目的です。

無マルチ栽培の場合は1回目を本葉2枚展開時とし、計3回土寄せします。

▼芽かきで孫イモが肥大する

種イモから出るのは、普通は頂芽1本だけです（頂芽優勢）。ところが、頂芽が弱い株や傷んだ場合は、何本か側芽が発生します。その場合は基本的に、太い芽を1本残して他の芽は除きます。その後、子イモからも芽が出てきますが、これらも除去することで孫イモがよく肥大します。

コラム●おいしい野菜を育てる「土づくり」のポイント

「土づくり」というと一般には「有機質たっぷりの肥えた土をつくる」と考えられているようです。しかし、全国の高品質な野菜・花卉・果樹の大産地は肥えた土壌ではありません。例えば、野菜・花卉の大産地である愛知県の渥美半島は赤土で、果樹の大産地の山形県・山梨県も肥沃地とはいえません。私が毎月巡回している茨城県神栖市の低硝酸栽培のピーマン産地も、砂地でCEC（陽イオン交換容量＝保肥力の指標）は5～6程度しかなく、肥沃地どころか「やせ地」です。

どのような土が高品質栽培に向くかというと、肥沃とは逆の「やせ地」です。地力チッソが少なく、水はけがよく、水持ちのよい、団粒化した土壌で、酸素が多く、赤みがかっていて、土が常に酸化状態です。水はけのよくない土壌は酸素欠乏状態で、「還元土壌」と呼ばれ、黒色で深層部に還元層（不透水層）が見られます。このような酸欠土壌は団粒構造が壊れていて、水はけが悪く水持ちも悪い状態です。

酸化していて赤色の団粒構造の土と、酸欠で黒色の単粒構造の土を採取し、それぞれコップに泥水をつくり、その沈殿の速度を比較すると違いがわかります。団粒構造の土は速く沈殿し、単粒構造の土はなかなか沈殿しないで濁っています。また団粒構造の土では細根の数と量が多くなり、単粒構造の土は根の数が少なく太い根が徒長します。連作障害も起きにくいのが団粒構造の土です。

自然界の土壌団粒は、土壌中の枯草菌類が繁殖時に分泌するポリペプチド類（多数のアミノ酸の結合物質）が、土の粒子同士を接着剤的・イオン吸着的に結合しています。納豆菌のネバネバ物質で土の粒子を結合するイメージです。枯草菌の繁殖にはエサが必要です。そこで一般的には堆肥や有機物を畑に投入しますが、すでに肥沃地の場合、堆肥の肥料成分も入るので、やりすぎると過剰害が出てしまいます。土壌分析を行ない、堆肥の成分も把握し、肥料過剰にならないように必要最小限に施用します。ガス害も心配なので、完熟堆肥に限った話です。堆肥を避けたい場合は、土微研のオリジナル資材「即団粒」（枯草菌類の分泌成分ポリペプチド類の分離・濃縮物）を10a当たり5～10kg施用すると、降雨または十分なかん水で団粒化します。

砂地でCECが低く、もう少し上げたい場合は、堆肥よりも赤土の投入をおすすめします。肥やすことが目的ではないからです。

ロータリー耕の繰り返しで耕盤ができている場合は、作付け前にサブソイラーやプラソイラーで耕盤破砕することが必要です。

以上のことができると、各種障害を未然に防ぐことができ、低硝酸で品質のよい野菜栽培のベースができます。

生育診断とともに実践したい栽培のワザ

根の数を増やす「低温発芽」

電熱マットで高温にすれば、タネは早く、揃って発芽します。一方で、低温でなるべくゆっくり発芽させたほうが、根っこ優先のガッチリしたいい苗ができ、その後の生育もいいのです。

高温では悪いタネも芽を出す

タネ袋や栽培の教科書などに書いてある「一般的な発芽適温」は、「作物の発芽温度」よりもじつは少し高めです。作物の種子は、実際にはもっと低い温度で発芽します。

確かに、高温のほうが短期間で発芽し、揃いもよくなります。しかし、十分に成熟していないタネまで発芽させてしまいます。

種子は大きく重いものほど、栄養分である胚の割合が大きく、発芽後の発育が良好です。小粒の種子は胚が小さく、生育も不良です。同じタネ袋に入った種子でも、完熟して栄養をたっぷり蓄えたものと、そうでないものとがあるのです。

水稲の種モミを塩水選している方は多いと思いますが、野菜のタネを選別する方はそういないと思います。本来、完熟種子と未熟種子とを選別するのも、播種作業の一つの役割です。購入した種子を選別するのはもったいないと思いますが、高品質の作物を栽培するためには欠かせません。

根っこ優先の低温発芽

完熟種子であっても、高温で短期間に発芽させてしまうことで、デンプンの糖化が十分に進まないというデメリットもあります。

タネは貯蔵養分として主にデンプンを蓄えていますが、そのままではエネルギーとして利用できません。水によってデンプンが徐々に分解して糖化し、発根のエネルギーになるのです。糖化が不十分だと、発根量も少なくなってしまいます。

そこで推奨しているのが「低温発芽」です。低温発芽とは、自然界で本来ゆっくり発芽する作物の状態を再現する発芽方法のこと。いってみれば一般的な発芽方法が「高温発芽」で、低温発芽こそが「自然発芽」です。

例えば果菜類の場合、晩秋に完熟した実が地上に落ち、乾燥した状態で越冬します。温度が低いので、水があっても発芽しません。種子は水を吸って（物理的吸水）、低温下でゆっくり休眠打破の準備をします。そして春、暖かくなって発芽適温になると、貯蔵養分が分解し始め（生理的吸水）、発芽に至るのです。

こうして自然発芽した作物は、発根量が多く、毛細根も増えます。毛細根がミネラル類（カルシウム、マグネシウム、カリウム、その他微量要素など）を吸収するので、硝酸過剰になりにくい性質に育ちます。

低温（自然）発芽のネギと高温（普通）発芽のネギ

低温発芽は12℃で発芽させて16日目。27℃で発芽させたネギより3日前に播種したが、地上部の長さは半分くらい（芽の先端はまだ土中）（写真はどちらも赤松富仁撮影、低温発芽は山形県・吉田竜也さんのネギ）

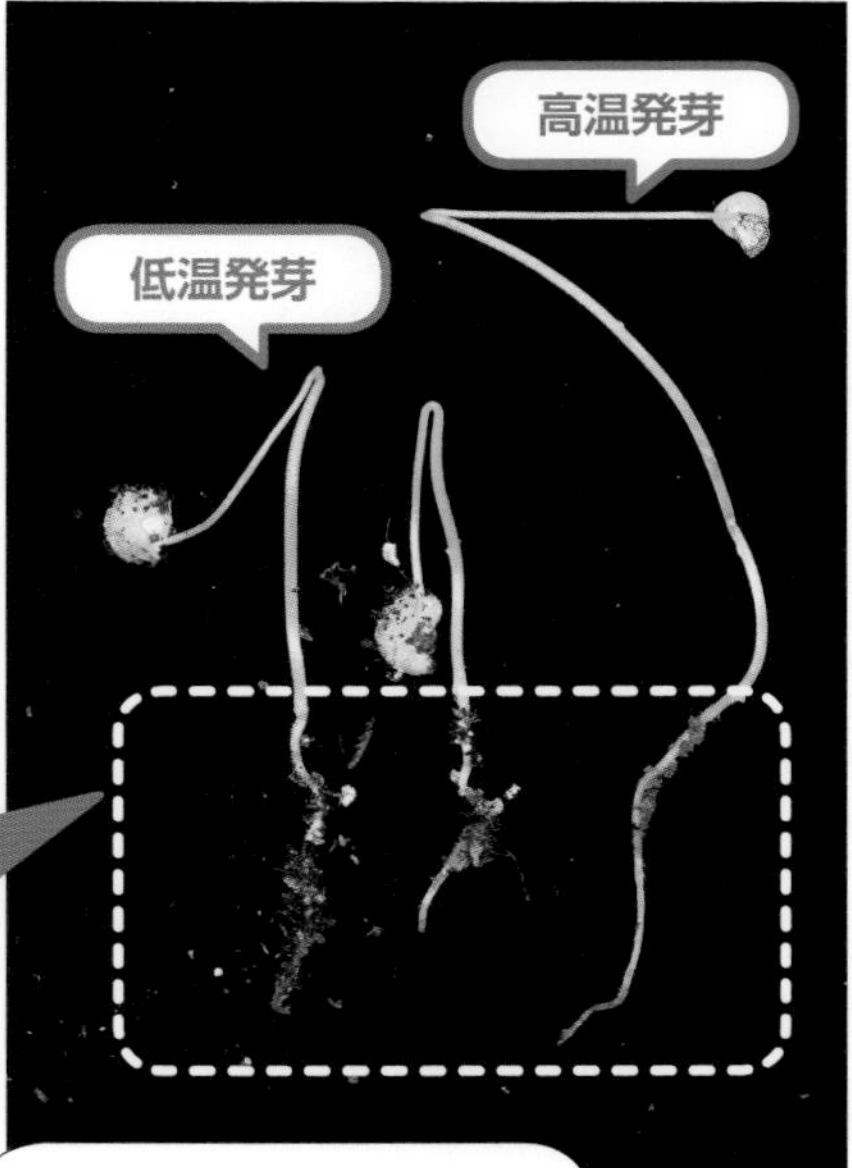

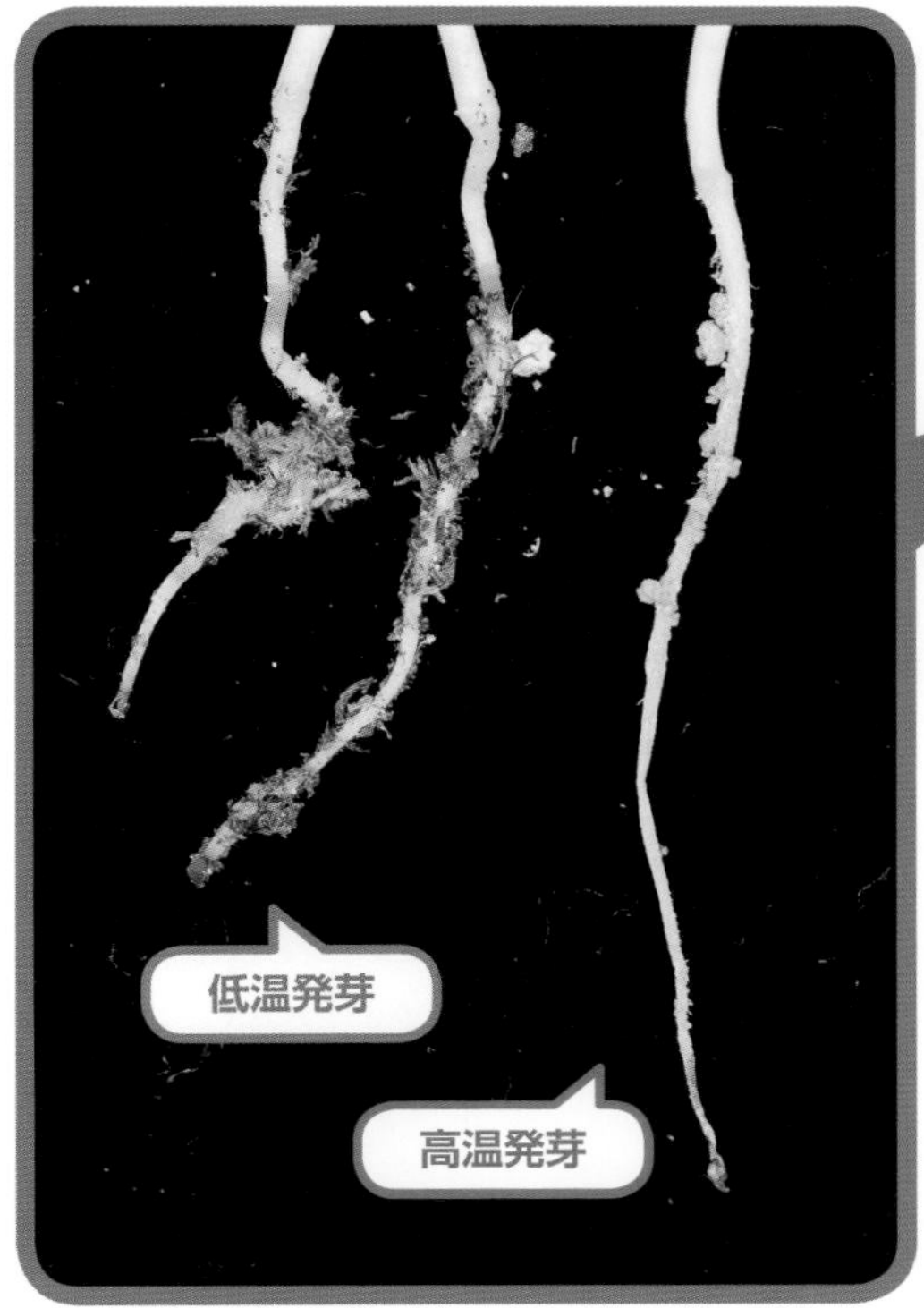

低温発芽のネギの根は根毛が多く、土をたくさん掴んでいる。高温発芽のネギの根は全体的に根毛が少なく、土をあまり掴んでいない。また、つるっとした先端部がスーッと伸びている（抜いてから時間が経っているため、先端が萎れている）

また、細胞分裂を促す植物ホルモン「サイトカイニン」がつくられるのは根の先端です。毛細根が多いとサイトカイニンの合成量も増え、細胞分裂を促進、細胞数の多い（身の締まった）作物に育つのです。

このような生育のスタートが低温発芽（自然発芽）です。三つ子の魂百までというように、タネの播き方ひとつで、その後の生育が大きく変わります。

低温発芽のやり方

▼浸種

では、実際のやり方を紹介します。

まずは浸種です。先ほど紹介したように、種子内のデンプンは水によって糖化、エネルギーとなります。播種してから水をかけてもいいのですが、事前に吸水させたほうが、タネに水をしっかり吸わせ、その後の糖化の割合を高め、発根量を増加させることができます。自然界の物理的吸水を行なう作業といえます。生種とコート（ペレット）種子とで浸種のやり方が違います（111ページ）。

一般的な発芽適温と低温発芽の適温（℃）

種類	低温発芽の適温	一般的な発芽適温	根の伸長最低温度	根毛の伸長最低温度	浸種日数（低温時）※
トマト	14～18	20～30	6	12	2～3日
ナス	16～20	25～30	8	14	2～3日
ピーマン	16～20	25～30	8	14	2～3日
キュウリ	16～20	25～30	8	14	4～5日
カボチャ	14～18	25～30	西洋種は6℃ 日本種は8℃	12	4～5日
スイカ	16～20	25～30	8	14	4～5日
メロン	16～20	25～30	8	14	4～5日
エダマメ	14～18	25～30	4	12	0.5日以内
インゲン	16～20	20～30	8	14	0.5日以内
オクラ	18～22	25～30	6	16	4～5日
スイートコーン	14～18	20～28	4	12	2～3日
カブ	8～18	15～20	4	4	1日
ダイコン	10～18	15～28	0～2	6	1日
キャベツ	10～15	15～30	4	4	2～3日
ブロッコリー	12～15	20～25	4	6	2～3日
ハクサイ	15～18	18～22	4	4	1日
レタス	10～15	15～20	0～2	4	2～3日
ネギ	10～15	15～20	0～2	8	2～3日
タマネギ	12～15	15～20	4	10	2～3日

『新・種苗読本』（農文協）や『写真図説　野菜作りの新視点』（東京農業大学）などを参考に作成
※高温時は冷蔵庫で行なう

▼播種

培土は肥料濃度が低く、排水性のいいものを使います。肥料分が多かったり過湿状態になると、根が酸欠になり発根数が減ってしまいます。市販の培土は、一般的にピートモスの割合が多くて排水はいいのですが、気相が多すぎて地温が変化しやすいので、赤土を適量（半分程度）混ぜるといいでしょう。

培土をトレイに詰めたら播種前に鎮圧し、急激な地温変化、水分変化を防ぎます。播き穴は深く、覆土は薄くします。覆土の厚さは種子の大きさ～2倍で、覆土後に各プラグの中央部がすり鉢状となります。

覆土が厚いと根数は増えません。また、播き穴が深く中央部がくぼんでいることで、発芽後のかん水がプラグの中心に浸み込みます。

▼かん水

ただし、水のやりすぎは根が徒長する原因の一つです。毎回ポットの底穴から水が出てくるほどでは、根巻き状態の徒長苗になります。かん水は1

浸種のやり方

生種の場合

①春や秋の低温時は播種数日前に行なう
②種子をネットに入れ、水に15分ほど浸す
③水から上げた種子を濡れた布で包み、ビニール袋に入れ密閉。日の当たらないところで保管する
④播種前にビニール袋から取り出し、乾いた布などで種子表面の水気を取る

※浸種は、種子の大きいメロンやスイカなどは播種4～5日前、種子の小さいトマトなどは2～3日前に行なう（110ページ表参照）。寒冷期は処理期間を長く、高温期は短くする。高温期は発芽を抑制するアブシジン酸の解除が早くなるため、浸種中に根が出てしまうことがある。
※予定日に播種できない場合は、5℃の冷蔵庫で短期間保管できる。
※浸種の水に「シャングー」500倍液を使用すると発芽が促進される。

コート（ペレット）種子の場合

①育苗トレイにタネを播き、電源をOFFにした温床に並べる
②コート種子に水を吸わせるつもりでかん水
③凍らない程度に保温して、低温のまま1～3日置く（日数は品目による）
④その後、温床のスイッチをON。自然発芽の適温に設定する

※以上は低温期の場合。高温期は播種してかん水した後、育苗トレイごと冷蔵庫に入れる。
※シーダーテープを使う場合は、水に溶けにくいテープ（例えば日本プラントシーダーの「メッシュロン」は浸種可能）を選び、生種と同じ要領で浸種する。

④子葉の角度が水平

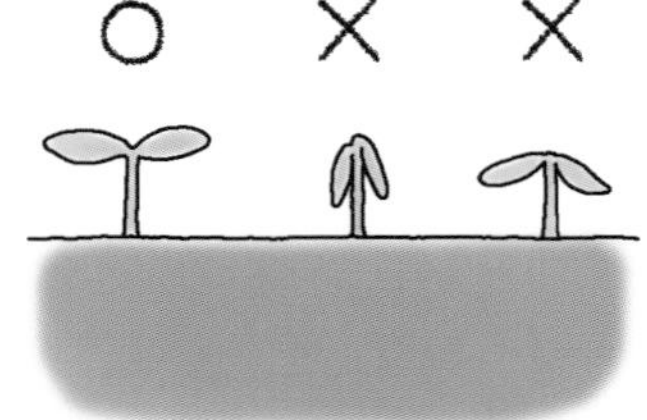

葉が垂れ下がっていたら
低温障害や徒長

②子葉は小さいほうがいい

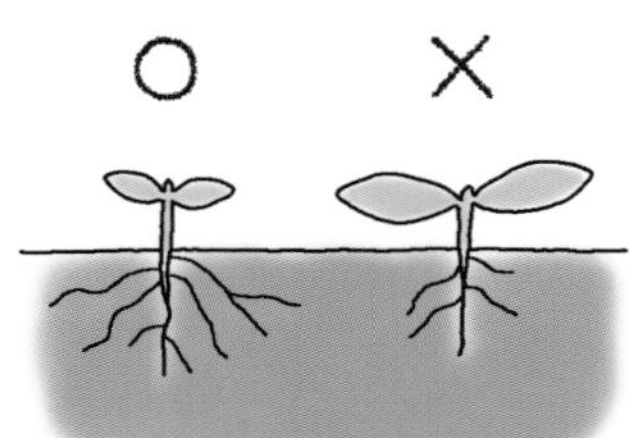

根っこ優先だと子葉は小さい

⑤本葉は小さく45度に開く

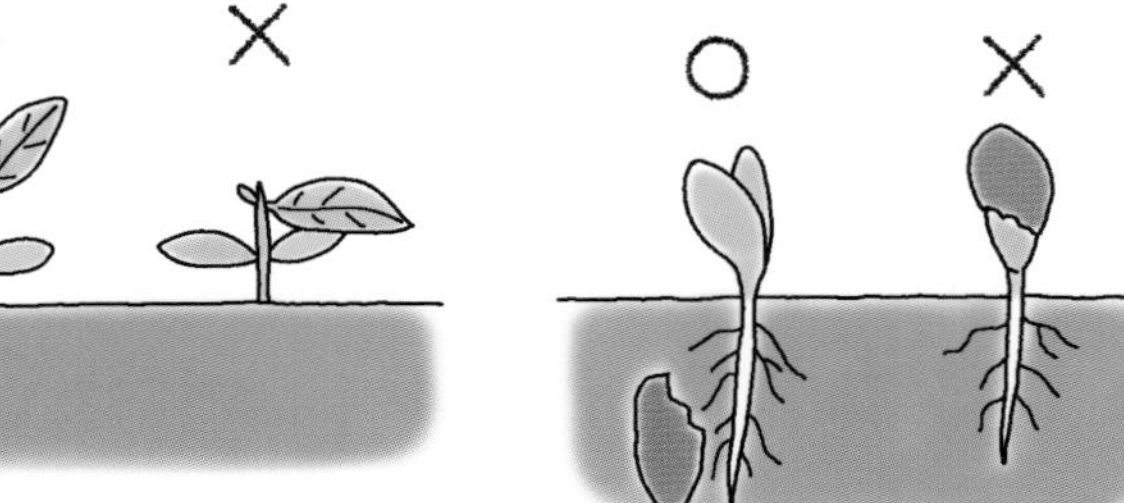

本葉が上向き45度で開くのが正常

③子葉に種皮が付いてない

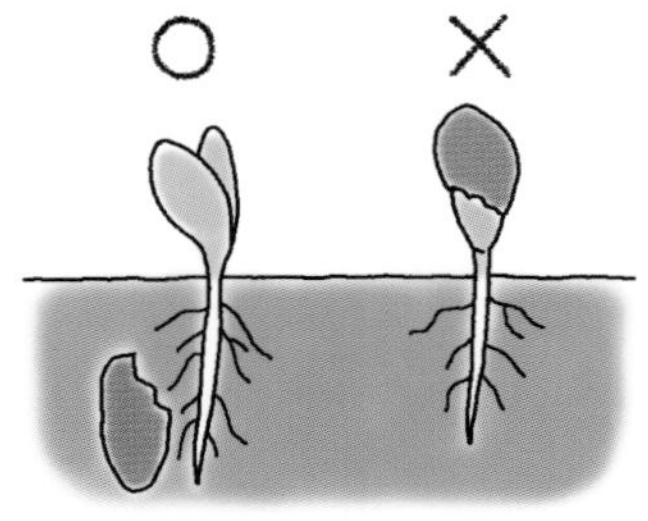

種皮を土中に置いてくる

①発芽は遅いほうがいい

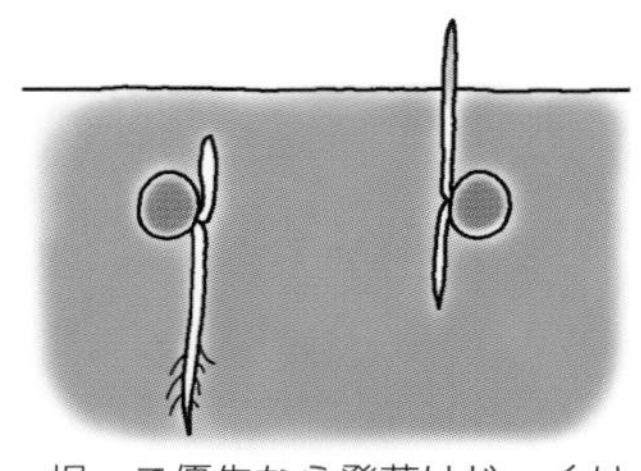

根っこ優先なら発芽はじっくり

高温発芽させたメロンの根

低温発芽させたメロンの根

16℃でじっくり発芽させ、低温、少量かん水で育苗したメロンはタコ足状に細根がびっしり。普通の管理（28℃で発芽・高温で育苗、冷水の多かん水）で育苗したメロンは根が弱く徒長している。「徒長根」と呼んでいる（写真はどちらも京都府・的場農場提供）

ポットずつ、株元に少量ずつが基本。朝かけた水が、夕方には乾く程度がよいでしょう。

また、冷水は毛細根の生長を抑制します。110ページ表の「根毛の伸長最低温度」よりも2〜3℃高い、井戸水などを使います。

▼温度管理

作物ごとの温度管理は110ページ表をご覧ください。低温発芽（自然発芽）させる場合、温床を一般的な発芽適温（高温発芽）より5〜10℃くらい低く設定します。幅を持たせてありますが、基本的に低めのほうで管理します。

根の伸長最低温度とは、これ以下だと根が生育しなくなる温度のことです。根毛の伸長最低温度は、これ以下だと根毛がダメージを受ける可能性がある温度で、実際はこれより2℃以上高い温度で管理します。

よい発芽かどうかの診断

最後に、理想の自然発芽になったかどうか、その診断方法を紹介します。まず、①発芽は遅いほうが根っこ優先の生育です。発芽が早い場合は、根数が少ないことが多いです。そして、②子葉は小さいほうがよい発芽です。根量が多いと子葉が小さくなるのです。また、③子葉には種皮が付いていません。子葉が小さいため、種皮が外れて発芽します。種皮を被っている場合は浸種が不十分、または発芽温度が高い場合です。④出芽3日後以降、子葉の角度が日の出後2時間で水平になれば正常生育です。子葉が垂れ下がっていたら低温障害、垂れ下がらないままでも、水平にならなければ徒長生育です。⑤本葉1枚目は、なるべく小さく、45度に持ち上がるのがよい生育です。

コラム● かん水の温度で根が変わる

ここまで、低温発芽と低温管理について解説してきましたが、かん水の温度は地下水をそのままかけると作物の根にとって冷たい可能性があります。

作物の根にとって適した温度を至適温度といいますが、多くの作物の適温が18〜25℃になっています。これらの作物は日本の春から夏にかけて露地栽培される作物で、この時期の地温もこの範囲にあります。かん水の温度も、春から夏にかけて降る雨の温度がこれらの作物の適温といえ、その温度はおおよそ18〜25℃になります。

冷たい水をかけると、①そのぶんだけ地温が低下する、②かん水した水が蒸発するとき、気化熱となって地温が下がる、③土壌微生物の活動が低下する、ということになります。110ページの「一般的な発芽適温と低温発芽の適温（℃）」の表で示した根毛の伸長最低温度を下回ると、根毛の発生がなくなり、根の活性が低下します。

つまり、発芽は低温でじっくり行なうが、発根後は冷たくない水をかん水することが細根を増やす極意です。

まずは、使っている水の温度を確認してみてください。至適温度を下回るようであれば、水温を上げることを考えましょう。特に育苗期間はポットも小さく水温の影響を大きく受けるので、タンクに貯めてヒーターで加温するなどして、冷たくない水をかけると根毛の発達した苗ができます。ただし、至適温度を超えた地温になると高温障害の発生が懸念されるので、あくまでも「冷たくない水」です。

地温の高低でイチゴの根はこんなに変わる（水村裕恒原図）

根の至適温度（根温：℃）　（片山、1998）

作物名	至適温度	作物名	至適温度
イネ	25 〜 30	メロン	18 〜 20
エンドウ	21	イチゴ	18 〜 25
サツマイモ	30	ダイズ	22 〜 27
ピーマン	18 〜 20	ジャガイモ	18 〜 20
スイカ	18 〜 20	ナス	18 〜 20
サトウキビ	25 〜 30	キュウリ	18 〜 20
インゲン	22 〜 26	カンキツ類	14 〜 30
トマト	18 〜 25		

作物の至適温度以内に地温を保つことが増収するコツ
（河野、1987をもとに作成）

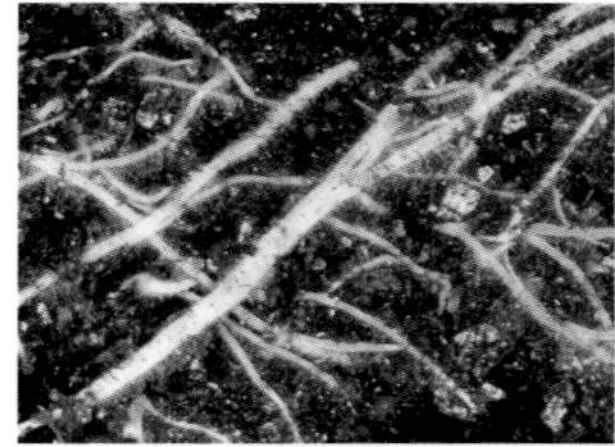
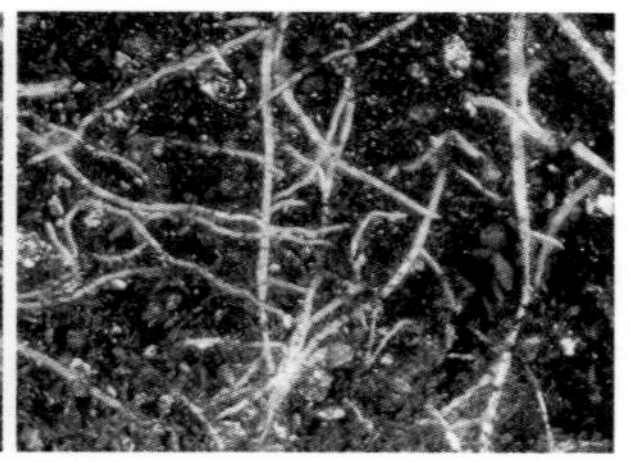

20℃くらいの水をかけているときは根毛がたくさんあった根（左）が、9℃の水を1回かけただけで根毛が少なくなった（右）（スイカ苗、赤松富仁撮影）

葉の色や形を見て追肥する

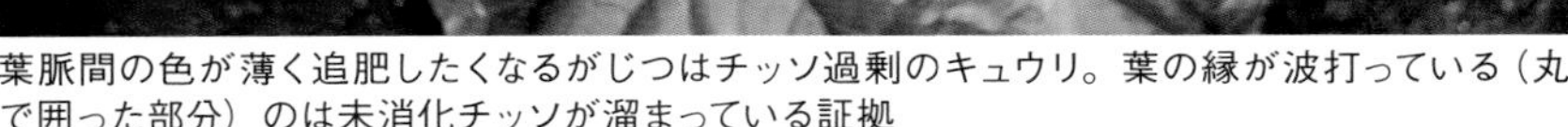

葉脈間の色が薄く追肥したくなるがじつはチッソ過剰のキュウリ。葉の縁が波打っている（丸で囲った部分）のは未消化チッソが溜まっている証拠

チッソをやりたい葉っぱだが……

上写真のキュウリは、すでに収穫が始まっています。葉脈間が薄い黄緑色となり、普通ならチッソ不足を疑います。追肥したくなる葉だと思います。

しかし、よく見ると葉の縁が部分的に波打っています。これはチッソ過剰の証拠。ジベレリン活性が強くなり、細胞が縦伸びしているのです。追肥は禁物で、逆にチッソの消化を促す資材の葉面散布が必要です。

作物にいつ、何を追肥すればいいのか。指導書を見ても、キュウリであれば「収穫開始から10日ごとを目安に、チッソ成分で2〜3kg／10aやりましょう」と書いてあるばかり。作物の見方や、チッソ以外のカリやリン酸については、ほとんど触れていません。土壌条件も根張りも違うはずなのに、チッソだけ機械的に施用しても、低硝酸で日持ちする野菜はつくれません。

チッソ追肥のタイミング

チッソを追肥するのはこのタイミング

切れ込みが深くなりすぎている

葉の切れ込みが浅くチッソ過剰

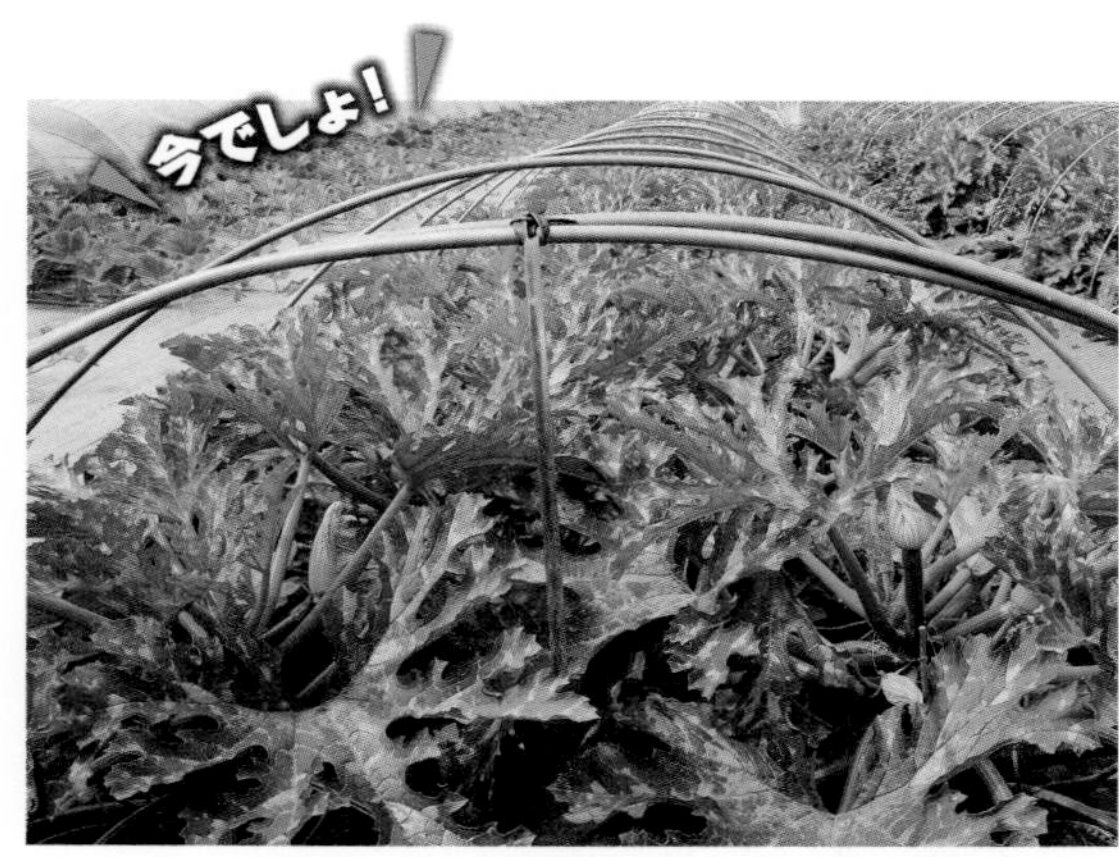

ズッキーニの追肥適期。収穫開始後はチッソと一緒にカリも施用

チッソ追肥のタイミング

追肥のタイミングは、作物の生育を見て決めるのが基本です。例えば左写真のオクラでは、葉の切れ込みによってチッソ状態がはっきりわかります。切れ込みが浅ければチッソ過剰。追肥は不要です。一方、切れ込みが深すぎるのは欠乏状態なので、そうなる前に追肥が必要です。ズッキーニも同様に、葉の切れ込み具合でチッソ追肥のタイミングがわかります。

他の野菜ではだいたい、葉の色が淡くなったり、生長点と花の距離が近くなったりします。チッソの追肥は単肥では硫安が基本です。チッソ成分が21％あるので、薄めて少量ずつ効かせます。

チッソ過剰の姿については、「野菜27品目　診断と対策の実際」で紹介してきたので、そちらをご覧ください。

アスパラガスは側枝を噛めばわかる

果菜類や葉菜類と違って、アスパラガスは追肥のタイミングがわかりにくい作物です。葉に見えるものは茎が変化した擬葉で、見た目からはチッソの状態が読めないのです。

そこでアスパラガスは、茎葉の硝酸イオン濃度を測り、１０００～１５００ppmに収まるよう管理するのが基本です（89ページ参照）。

ところが、硝酸イオンメーターがなくても、アスパラガスのチッソの状態が簡単にわかる方法がありました。教えてくれたのは、茨城県つくば市の須藤一雄さん。普段から硝酸イオン２００ppm以下でアスパラガスを栽培する農家です。

須藤さんによると、アスパラガスはチッソ過剰だと、若茎だけでなく側枝からもえぐみが出るので、噛めばわかるそうです。須藤さんのアスパラガスで試してみると、確かにえぐみをまったく感じません。ほんのり甘い感じがしました。追肥をしてもいい状態です。一般的な農家のアスパラガスをこっそり噛んでみると、苦みとえぐみを感じました。チッソの状態で、まったく違うのです。

ちなみに、須藤さんのチッソ追肥も硫安が主体です。施用量は1シーズンを通して合計がチッソ成分で10ａ当たり5kgのみ。一般的には30kg以上なので、驚きの少なさです。それでいて、高品質のアスパラガスが安定して３ｔ／10ａとれています。

カリ欠乏は葉の縁から黄化

右の3枚の写真は、どれもすぐにカリの追肥が必要な葉の様子です。カリ

カリ欠乏の葉

葉の縁から黄化。症状は下葉から現われる

葉の縁が黄色く変色

葉の先端部の縁が黄化。カリは肥大期の実にとられるため、果房の近くの葉から症状が現われやすい

は体内で移動しやすいため、下葉から症状が出やすいのですが、収穫期は果実近くから発生することもよくあります。果実にカリを取られてしまうからです。

葉の縁に黄化が見られるようであれば、すぐに追肥が必要です。

カリの追肥は単肥では硫酸カリが基本です。成分の50%がカリで、水に溶かして液肥としても使えます。チッソ同様、薄めて少量ずつ効かせます。土壌ECが高い場合、硫酸根が残る硫酸カリは避けて、重炭酸カリを使うといいでしょう。

一方、リン酸については、追肥があまり効きません。土壌中の鉄やアルミと結合して、不溶化する性質があるためです。土壌表面に施用しても根まで届きにくいため、リン酸は必要量を元肥で施すのが基本です。必要な場合は吸着されにくい亜リン酸を施します。

ミネラルは毛細根が吸う

さて、ここまでは追肥の仕方について説明しましたが、いくら肥料を与えても、そもそも根が吸収できなければ意味はありません。それればかりか、濃度障害でかえって生育が悪くなってしまいます。

根はその部位ごとに、肥料吸収の働きが違います。根毛や毛細根など、根の先端部はマイナスの電位を帯びていて、主にプラスイオンのミネラル分（カリや石灰、苦土、微量要素など）やアンモニア態チッソを根酸で溶かして吸収します（イオン交換）。

一方、マイナスイオンの硝酸態チッソやリン酸は、根全体の表皮から浸透圧で吸収すると考えられています。

つまり、ミネラルが豊富で健全な野菜を育てるには、生育初期に毛細根を増やす必要があり、新しい根が少ないと、硝酸過剰で栄養生長傾向の強い生育になってしまいます。

根が傷むと追肥が効かない

もう一つ注意したいのが根傷みです。未熟有機物の分解によるガス害、浸水による酸欠、塩類集積などの濃度障害などによって毛細根が傷むと、追肥しても吸収できなくなります。

例えばカリ欠乏の症状が出ている株に、カリを追肥してもよくならないのは、根傷みや毛細根の減少が原因です。

そこで、カリ追肥が効かない場合は、発根を促すホルモンであるオーキシンやサイトカイニンが必要です。オーキシンは主に生長点で生成されるので、尿素を３００～５００倍で葉面散布し、生長点を活性化します。また、サイトカイニンは主に根の先端で生成されるので、細胞分裂を促す資材（ファイトカイニンを１０００倍）を葉面散布します。毛細根が減れば根酸の分泌も少なくなるので、溶かしたクエン酸をかん水してミネラル類の吸収を助けるのも有効です。

根傷みやガス害対策のための資材もありますが、まずは土壌の団粒化を図ったり、毛細根の多い苗を育てるのが先決です（108ページ参照）。

台風・豪雨後の硝酸過剰対策

葉や茎からミネラルが流亡

順調に生育していた露地のホウレンソウのカリ濃度が、台風通過前後で5000ppmから3000ppmまで下がっていたことがありました。

このように雨などによって植物体から物質が流亡する現象を「リーチング」といいます。木村和義先生の名著『作物にとって雨とは何か』（農文協）に多くの事例が紹介されています。それによると、24時間の降雨でリンゴの葉のカリウム含量の80％、カルシウム含量の50％が流亡したという報告もあります。

雨の降り方では、量や強さよりもシトシト雨のように長時間、葉が濡れているほうが流亡する量は多く、風が吹くことでリーチング速度が高まることがわかっています。また、若い葉や健全な葉よりも古い葉や障害を受けた葉のほうが、リーチング量が多くなります。葉の表面を覆うワックス量が多いほど、濡れにくくリーチングしにくいためです。

流亡した物質は土に落ち、いずれは再吸収されますが、豪雨の場合は流出してしまい、利用率は低くなります。実際、雨の後にこの現象により病気が出やすくなり品質・収量が落ちてしまうことは多々あります。

マツタケとリーチング（塩類溶脱）の関係

話はそれますが、マツタケは台風の多い年に豊作になると聞いたことがあります。マツの木が風で揺さぶられると、根からマツタケの生育を促進する養分がリーチングするからだと思われます。台風が来ないときは、マツタケ発生箇所のアカマツの木の枝にロープを掛けて揺するとマツタケが出やすくなるそうです。

作物栽培においても強風による根からのリーチングが起きていると考えられます。特に株元が揺さぶられると影響は大きくなります。

また、浸水被害による根傷みによっても、水溶性のミネラルであるカリのリーチングが観測できます。

気圧が下がると水を吸う

畑が湛水状態にまでならなくても、低気圧が近づくだけで植物は生理的に蒸散量が増えるため水を吸収しやすくなります。

吸水が活発になると、水と一緒にチッソも多く吸収されることになります。結果として生長点でつくられる植物ホルモンであるジベレリンの活性が高まり、栄養生長に向かいやすくなります。この現象は、露地栽培だけでなく施設栽培でも同様に起こりますので、気をつけてください。

つまり台風や豪雨に遭うと、作物は

カリウムを失い、チッソを過剰吸収しやすくなります。結果的に、硝酸過剰の体質となり、病害虫にも弱くなってしまいます。

カリの補給とチッソの消化でピーマン復活

次ページの写真は植物対話農法を実践している茨城県の安藤照夫さんのハウスピーマンで、２０１７年10月に上陸した超大型の台風21号による浸水被害の様子です。関東地方を直撃したため、茨城県内も22日朝から翌朝にかけて暴風雨に見舞われました。

安藤さんのハウスでは、ポンプで排水するも丸２日間ピーマンが湛水状態になり、その後、萎れが発生。回復するのに約２週間かかりました。周辺のピーマン農家にも同様の被害があり、諦めて植え替える人も多かったなか、安藤さんのピーマンは見事回復。年明け後は平年並みの収量・品質に戻りました。

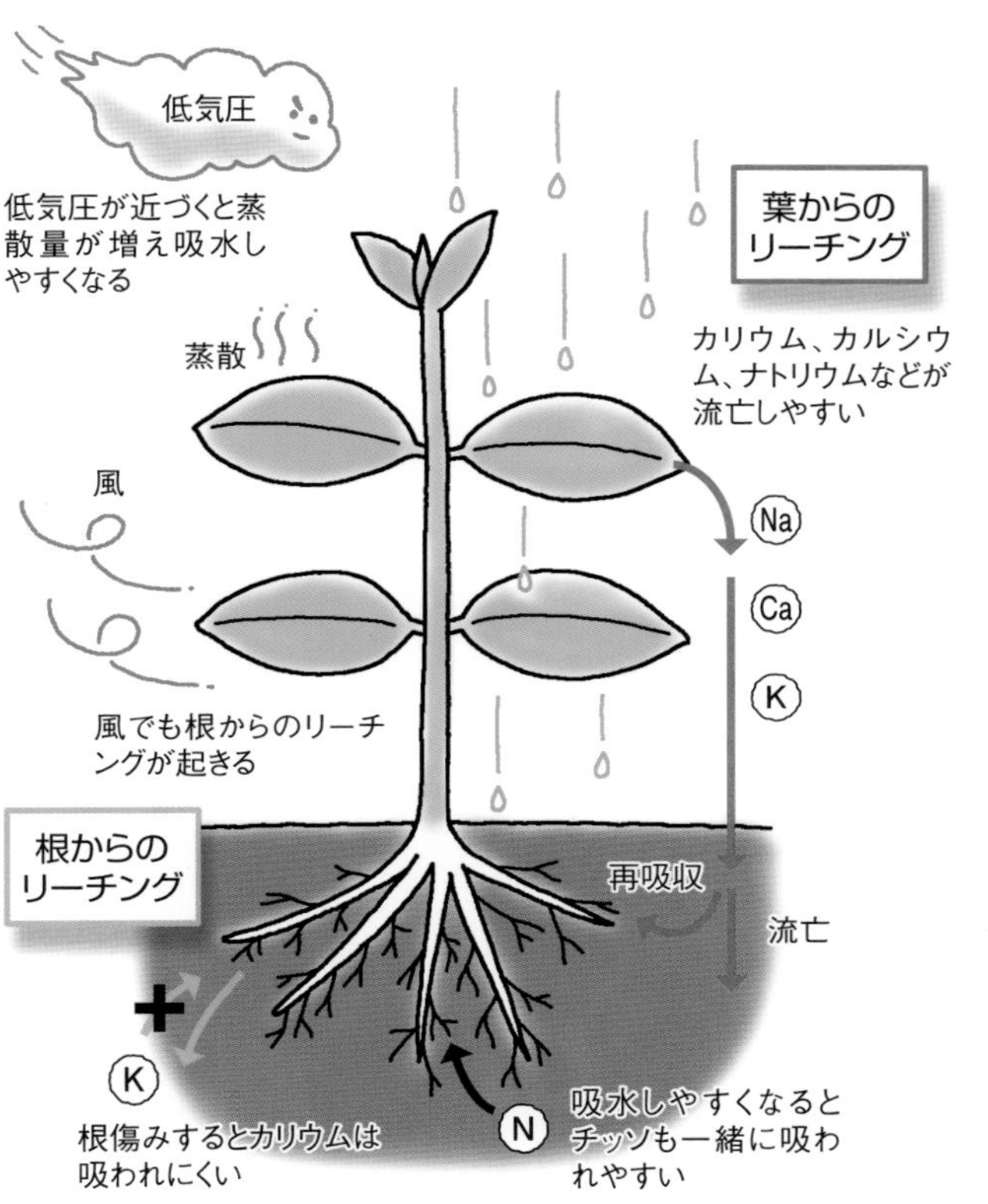

回復させた方法は、次のとおりです。

まず、根傷みの原因となっている有害ガスを中和し土壌中に酸素を取り込むための資材「再活ＤＦ」と、新しい根を出させるための発根促進剤「発根団粒元」も合わせて施用しました。それぞれの資材を２０００倍に薄めて混用し、株元から30㎝ほどのところに土壌かん注。３～４日おきに３回ほど実施しました。

また、台風直撃以前から硝酸過剰にならないようカリ資材「Ｋ－40」や、過剰な硝酸を消化する「シャングー」、光合成を促進する「パワーゲン」を２週間に１回葉面散布。台風後は細胞分裂を促進する「ファイトカイニン」を加え、回数を増やして３日おきに３回葉面散布を続けました。そうした努力の結果、２週間後には萎れは回復し、生育も戻ったのです。

風や雨でミネラルはリーチング（流亡）する

2018年5月15日 ← 2017年10月26日 ← 2017年10月23日

健全な生育を取り戻したピーマン

根傷みによりピーマンに萎れが発生。土中に酸素を取り込む資材と発根促進剤を土壌かん注。硝酸過剰対策としてカリ資材と硝酸を消化する資材を葉面散布

湛水したピーマンのハウス。2日かけてポンプで排水した

台風・大雨対策に使える葉面散布剤

商品名	特　性
シャングー	過剰な硝酸（チッソ）を消化
K－40	カリウムのリーチング対策、新陳代謝を活性化
リーフガード	葉のワックス層を保護
ファイトカイニン	細胞の若返り促進
パワーゲン	光合成促進

露地栽培の場合、風雨前に展着剤を使うと葉のワックス層が溶けやすくなり、リーチングが増えるので注意する。

資材の詳細はみずほアグリサポートのホームページを参照。

mizuhoagrisupport.co.jp

夜の高温対策に夕方かん水

7〜8月の猛暑で作物がダメージを受けると、やはり硝酸過剰、カリ不足になりがちです。特に夜温が高いと、夜間にも呼吸と蒸散にエネルギーを使い、果実などへの養分転流がされにくくなります。

対策としては、ハウス栽培の場合、夕方の葉面への散水や通路かん水が有効です。散水すると気化熱で葉面温度が下がり、エネルギーの消耗が抑えられます。通路かん水についても地表面温度が下がりますし、翌朝の湿度保持につながり気孔が開きやすくなります。注意したいのが夏至以降に植物の生理が栄養生長から、生殖生長傾向になり生育が緩慢になることです。そこに高温が加わると体力の消耗が大きくなります。対策としては新陳代謝と光合成を促進させる「K－40」や「パワーゲン」の葉面散布が有効です。

付録

月・太陽と作物の生育の関係

月のリズムと生育診断

本書では、硝酸イオンメーターや糖度計を利用した生育診断と、それに基づく管理により、低硝酸で品質のよい野菜を栽培する方法を述べてきました。

最後に、これまでほとんど触れてこなかった月と太陽活動の植物生理への影響について紹介します。

植物の生長と月のリズム

▼新月に栄養生長、満月に生殖生長

硝酸過剰でジベレリン活性が強いと栄養生長傾向になり、硝酸がうまく同化されサイトカイニン活性が強いと生殖生長傾向になることは、これまでも紹介してきました。一般的にトマト・キュウリ・ピーマン・ナスなど長期にわたり栽培する作物は栄養生長と生殖生長の周期があります。これまで多くの作物を測定する中で、新月の頃に栄養生長傾向に、満月の頃に生殖生長傾向になることがわかってきました。

新月の頃に糖度計を使って生長点に近い葉の糖度と最下葉の糖度を比較すると、その差が開き気味になり、花の糖度も低い傾向です。硝酸イオンメーターで測定すると高めの硝酸値を示し、栄養生長傾向であることがわかります。逆に満月の頃は、生長点と最下葉の糖度差が縮まり、花の糖度は高めになります。硝酸イオンは低めの値を示し、生殖生長傾向なのがわかります。

▼潮汐力が影響か

新月と満月でなぜこう変わるのでしょうか？　月の引力が潮の満ち引き（潮汐）や生命に影響を与えているのは事実です。月や太陽の引力により、潮汐を引き起こす力のことを潮汐力といいます。地球から見て、新月は月が太陽側に位置し、潮汐力は大きく、満月は太陽の反対側になり、潮汐力は新月より若干弱くなるため、植物の生長にも影響しているようです。

例えば、重力に関係するホルモンとしてオーキシンがあります。植物が重力に対して反対方向に伸びるのも、根が重力方向に伸びるのも、オーキシン濃度によります。この性質を重力屈性と呼びます。科学的に解明されているわけではありませんが、新月のときはオーキシンやジベレリンの活性が高ま

夏秋ミニトマト硝酸値の変動と月のリズム

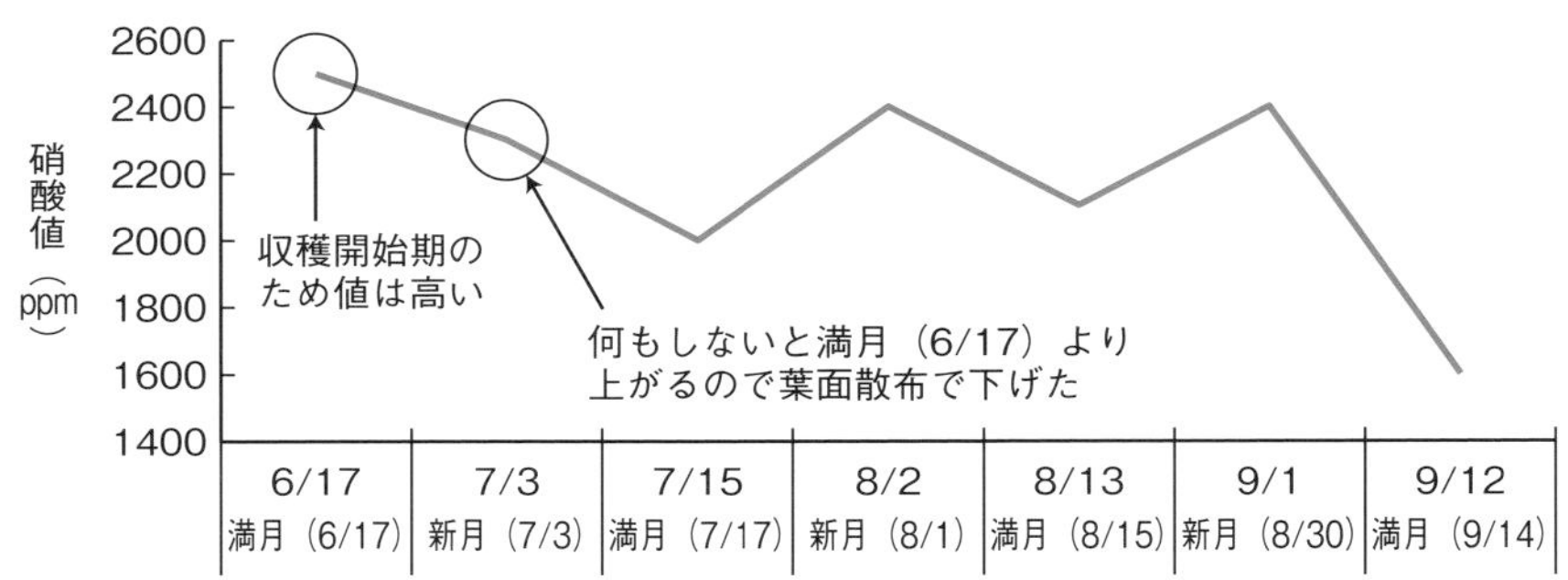

2019年のわが家のミニトマトの測定値。追肥や葉面散布でコントロールしているので、生育前半は新月のほうが硝酸が下がっており、理論どおりではない。後半は新月後の追肥の対応が遅れて満月の頃に硝酸が下がりすぎ、生長点が弱くなりすぎた

り細胞を大きく長く伸ばす方向に働いて栄養生長傾向になり、満月のときにはサイトカイニン活性が高まり細胞分裂を促進し、花芽分化や着果促進方向に働いて生殖生長傾向になるのかもしれません。また新月の闇夜と満月の光も影響しているかもしれません。未解明な部分が多いですが、経験的には月の影響は大きいといえます。

新月と遠日点（後述）に向かう時期で花が少ないピーマン。葉面散布（カリ「K−40」と硝酸同化促進剤「シャングー」、いずれも土微研）により体内硝酸もカリも適正値で病気も発生していない

月のリズムを栽培に生かす

▼新月にミネラル、満月前はチッソも

新月と満月での生長の違いは、栽培管理に応用することができます。

新月の頃は栄養生長傾向になるので、硝酸過剰になりやすくなります。そこで硝酸を同化させるための葉面散布を新月の前に行ないます。また、リ

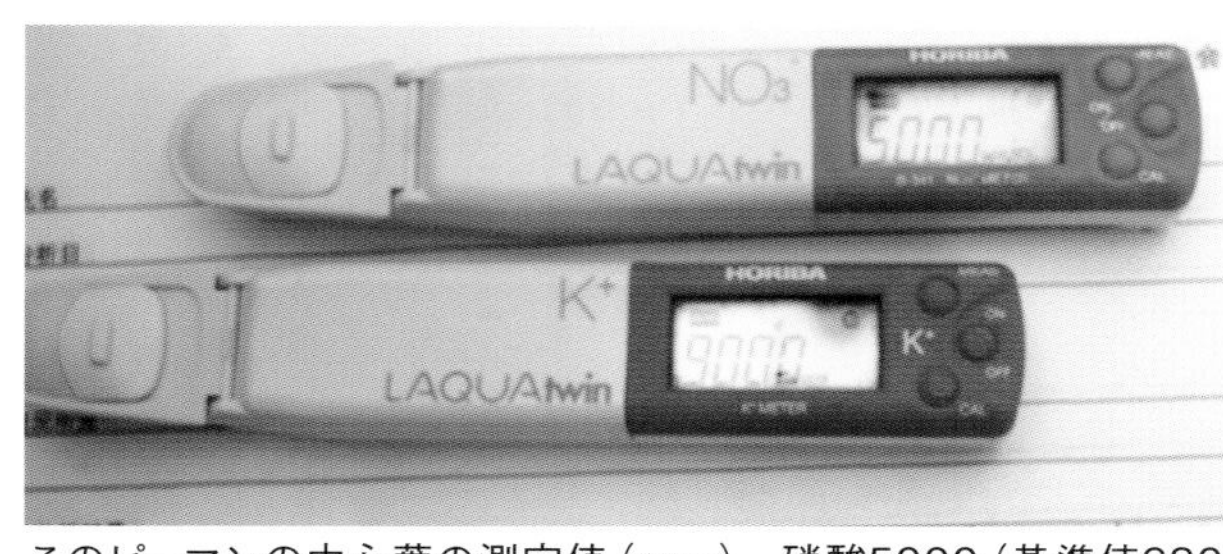

このピーマンの中心葉の測定値（ppm）。硝酸5000（基準値6800以下）、カリ9000（基準値7000以上）で適正

新月・満月と植物の生長

	硝酸	生育傾向	播種	定植	害虫	病気	ホルモンバランス
新月	高め	栄養生長	発根量少ない	活着良好	産卵少ない	多い	ジベレリン活性高まる エチレン活性弱い
満月	低め	生殖生長	発根量多い	活着不良	産卵多い	少ない	サイトカイニン活性高まる エチレン活性強い

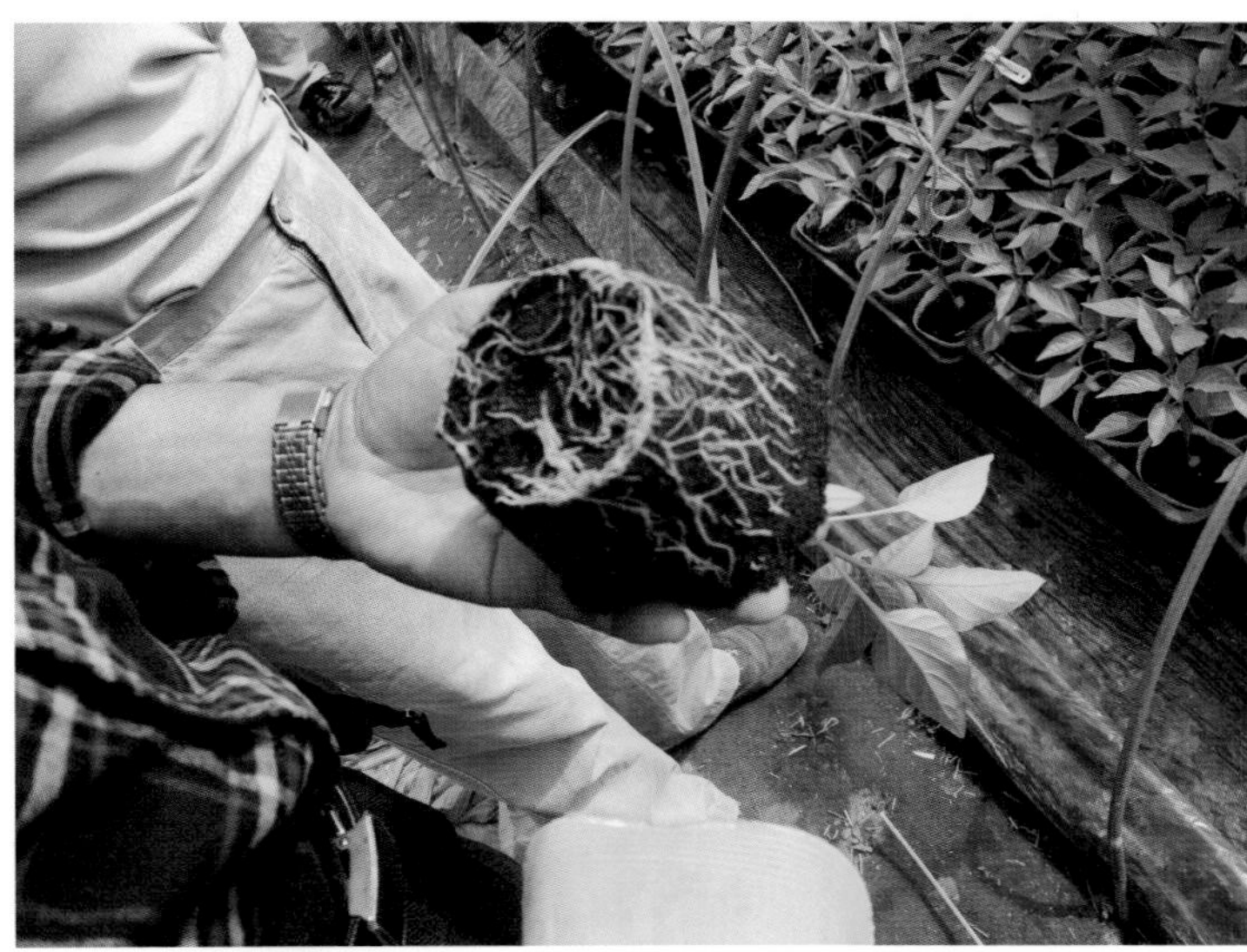

新月に向かう時期に根が徒長したピーマンの苗。根がポットの底でとぐろを巻いている。この時期は根が徒長しやすいので、かん水を控えめにする

ン酸・カリ・ミネラル類を追肥や葉面散布で効かせて生殖生長の方向へ矯正します。硝酸過剰でエチレン活性が弱くなり、病気になりやすくなっているので、ボルドー液の散布によりエチレン活性を高める方法もあります。

一方、満月の頃は生殖生長傾向で、花が多くなり、生長点の生育が弱く、心止まりになることもあるので、満月の前にはミネラル以外にチッソも追肥や葉面散布を行なうと収穫の波ができにくくなります。

▼播種は満月の前、定植は新月の前

また、播種は満月に向かう時期のほうが発芽はゆっくりで、発根量が増えます。新月前に播くと勢いのいい発芽になりますが、根量は減ります。移植や定植は新月に向かう時期のほうが、活着がよくなります。実際の栽培では、満月と新月は29・53日に1回ずつしか来ないので、満月に合わせて播種したり、新月に合わせて定植したりできないことも多いです。

新月頃の播種では以前にも紹介した低温発芽や浸種をしっかり行ない、発根量を増やすようにします。移植や定植が満月頃になってしまう場合は、発根剤を入れたドブ漬けと、移植後の根じめの水をしっかり行ない、株元かん水を数回やって、活着を促進します。

▼害虫防除は満月から4～5日後

害虫の発生についても月の周期が影

響しているようです。満月頃のサンゴの産卵は有名ですが、虫についても特に有翅昆虫は満月の頃に産卵し、3～4日後に孵化して食害を始めることが多いようです。そこで、防除は満月から4～5日後に行なうと効果が高いです。この時期にうまく防除ができない場合、新月に向けて葉の硝酸が増えると食害も多くなってしまいます。

１カ月かからないで卵から成虫になる害虫に関しては月の周期に当てはまらない場合もありますが、やはり満月前後に増えることが多いようです。

太陽活動と作物生理

植物の生長と太陽黒点

▼太陽黒点が増えると生殖生長、減ると栄養生長

作物は月のリズムの他に太陽活動の影響も受けています。

太陽黒点は太陽の磁場の強弱でその増減が決まるようで、磁場が弱いと黒点が少なく、磁場が強いと黒点が多くなります。すなわち黒点が減る時期は太陽活動が弱く、黒点が増える時期は太陽活動が活発だといえます。太陽活動は植物にも影響を与え、活発な時期は生殖生長がうまくいき、弱い時期は栄養生長になりやすい傾向があります。太陽黒点の増減には周期があり、それがわかれば作物の生育予測ができるのです。

▼太陽黒点の増減を予測する方法

太陽黒点の増減をあらかじめ予測する方法があります。太陽の周りをまわる金星の周期で、太陽に近づいたときを近日点、遠ざかったときを遠日点といい、約１１２日周期になっています。近日点の頃に太陽黒点が増え、太陽活動が活発になり、紫外線が強くなり、例年より地温が上がり、植物は生殖生長傾向になります。逆に、遠日点の頃には、太陽黒点が減り、太陽活動が弱くなり、紫外線が弱くなり、例年より地温が下がり、植物は栄養生長傾向になるのです。（※1）

金星の公転周期は２２４日ですが、太陽黒点の増減には、それより長い「11年周期」も存在します。２０２０年は11年周期の谷底だったため、近日点付近でも太陽黒点の発生が少ない状況でした。

▼太陽活動とカリ濃度

太陽活動は、果菜類の場合、カリの濃度にも大きく影響しているようです。ミニトマトの硝酸とカリの濃度を１週間ごとに測定し、太陽活動の指標で太陽黒点と相関のあるF１０・７（※2）の数値を比較すると、硝酸よりもカリの濃度と相関が強いことがわかりました。太陽活動が活発になるとカリ濃度が上がるのです。トマトの場合、色づきもよくなります。もちろん、そ

金星周期・太陽黒点と作物の生育

金星	太陽黒点	太陽活動	紫外線	地温	生育
近日点	増える	活発	強い	例年より上がる	良好。生殖生長
遠日点	減る	静穏	弱い	例年より下がる	不良。栄養生長

太陽黒点周期の11年周期がわかるグラフ

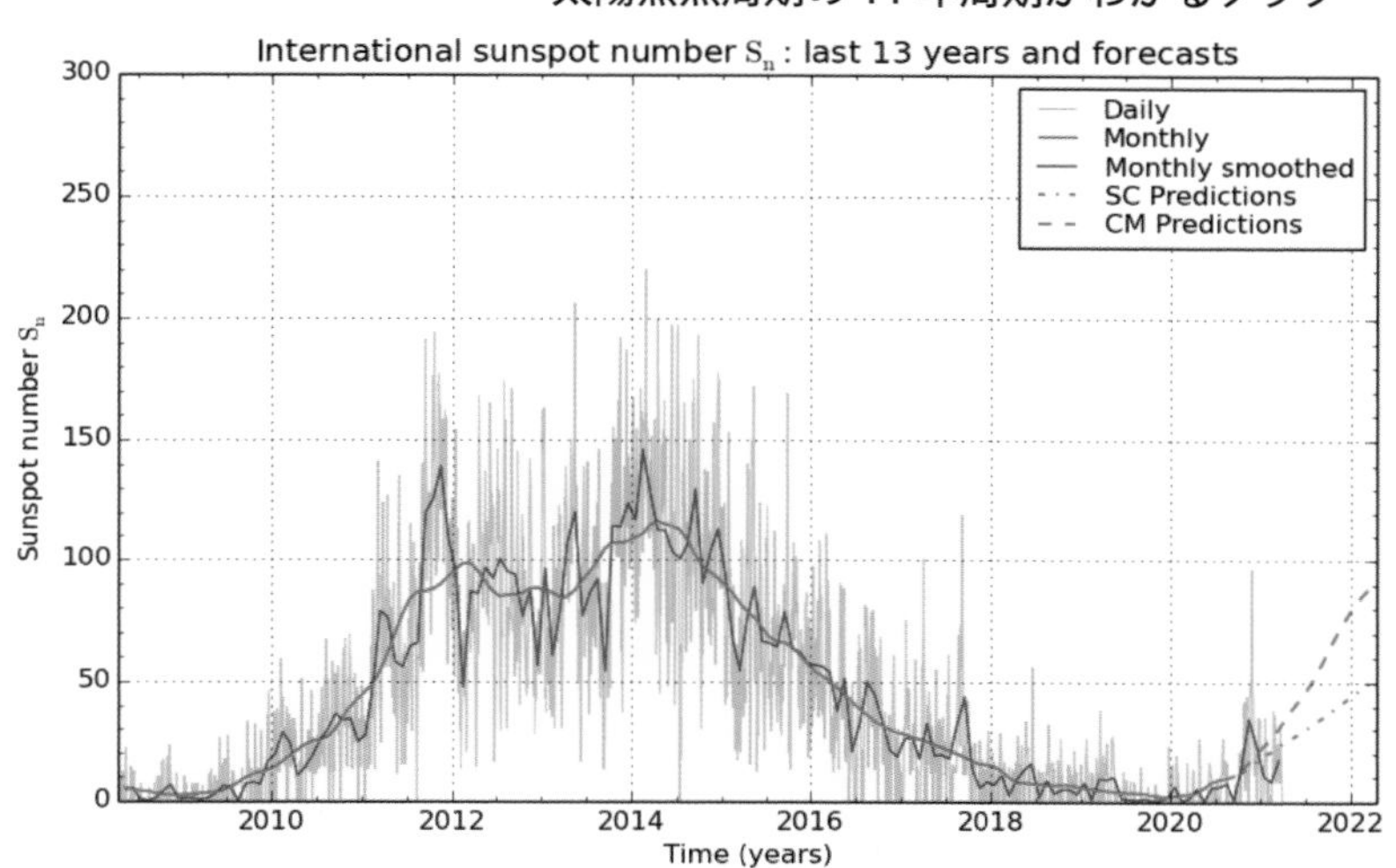

SILSO graphics (http://sidc.be/silso) Royal Observatory of Belgium 2021 April 1

前回の谷が2009年で11年後の2020年も谷になった

引用：ベルギー王立天文台のSIDC（太陽影響データ分析センター）のサイトより

ミニトマトのカリ濃度（ppm）と太陽活動（F10.7）

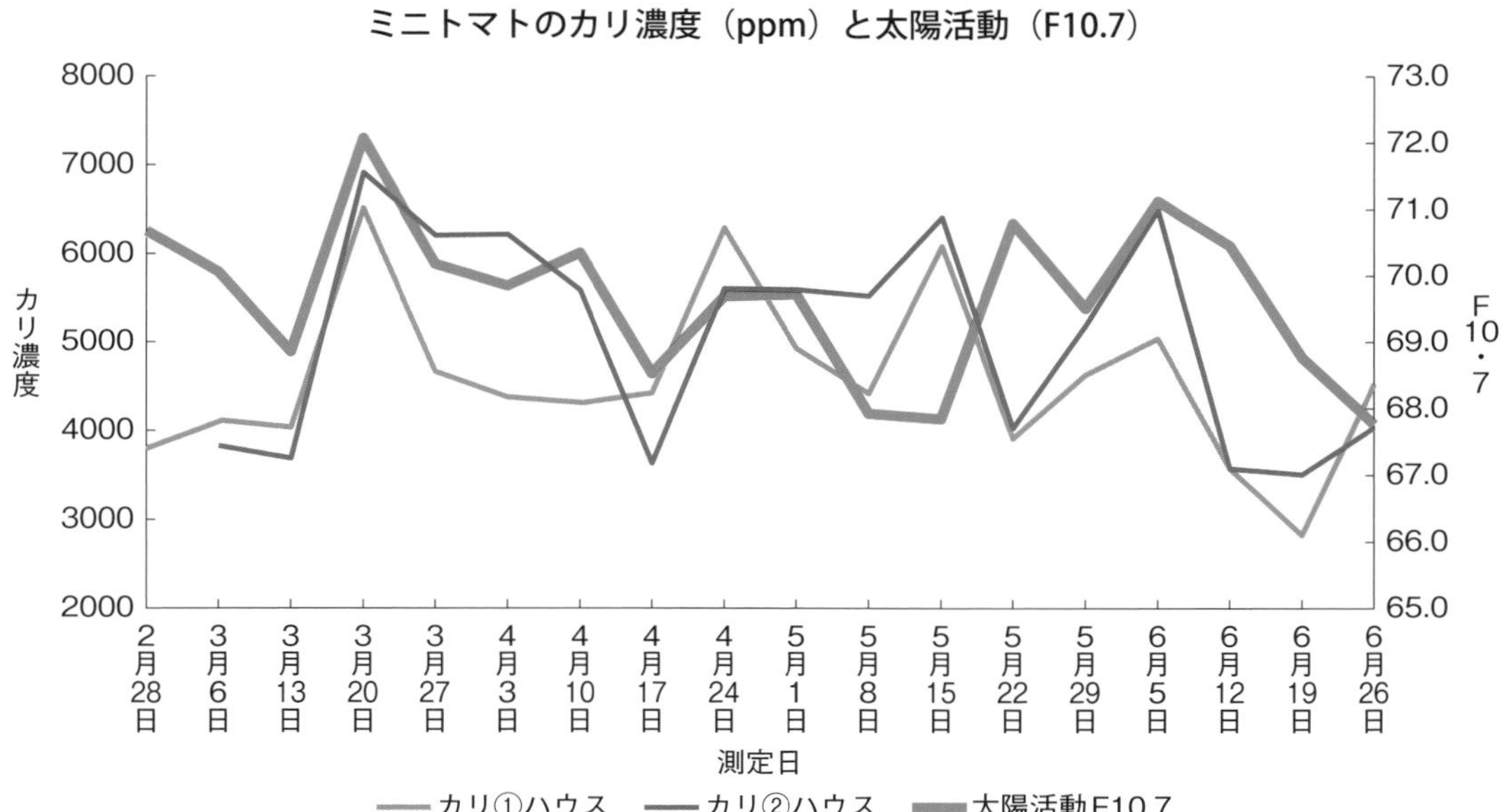

2020年2月28日〜6月26日まで、1週間ごとに連棟ハウス2カ所で計測

の他の影響も受けるので、完全に一致するわけではありませんが、これまで、キュウリ、イチゴ、ピーマンで同様の傾向が見られています。

自然の法則に学ぶ

本書の最後に、月・太陽と作物の関係を説明してきましたが、光の波長との関係、気圧との関係など、自然の法則から応用できることはたくさんあります。

また、植物生理にはまだまだ解明されていないことがあります。最新の研究では、植物は動物と同様の五感（視覚、聴覚、触覚、味覚、嗅覚）すべてが備わっているどころか、他に15もの感覚を持っていることがわかってきました。植物はさまざまな揮発性有機物（Biogenic Volatile Organic Compound. BVOC）を放出し、植物どうしや昆虫とのコミュニケーションを図っています。

例えば、害虫に食べられるとジャスモン酸メチルを発生し、周りの植物にも警報を発します。そうすると食害昆虫への毒（消化酵素阻害剤）を体内で生み出したりして防御しています。また、根の先端には多くのセンサーがあり、必要な栄養素に向けて伸びたり、毒物があると避けていきます。

農事気象予測の理論を築いた故斎藤善三郎先生曰く、「農業は、人為1割、地4割、天5割」。自然の声に謙虚に耳を傾けたいです。

※1　金星の公転周期が太陽活動に影響を与えているかどうかは定かではない。過去の黒点のデータから、金星の２２４・７日という公転周期と6～7割ほどの相関があるという仮説による。ただし、ドイツのドレスデン・ロッセンドルフ研究所の最新の研究では、過去１０００年にわたる太陽活動の観測結果と、太陽系の惑星の位置が太陽活動の周期に大きな影響を与えていることが明らかになっている。

※2　F10・7とは太陽から定常的に放射されている、波長10・7㎝（周波数2・8㎓）の電波の強度（単位はSolar Flux Unit〔SFU〕$=10^{-22}Wm^{-2}Hz^{-1}$）。F10・7の値は黒点数と非常によい相関があるため、F10・7の値が高ければ太陽活動が高い。極大期では月平均で２００程度、極小期では70程度（日単位では３００を超える場合もある）。この数値を使う理由は、太陽活動が弱い時期は黒点がほとんど出ず、黒点数では指標になり得ないため、太陽活動が弱い時期でも65以上の数値が出るF10・7を使用している。

参考文献

生育診断で低硝酸のおいしい野菜つくり

大瀧直子「ブロッコリー基部の硝酸および糖濃度による可食部栄養成分量の推定」、『日本食品科学工学会誌』66巻2号（2019）、41～46ページ
渡辺和彦『ミネラルの働きと作物の健康』農文協（2009）
六本木和夫『リアルタイム診断と施肥管理』農文協（2007）

野菜27品目　診断と対策の実際

農文協編『野菜園芸大百科　第2版　第6巻　ナス』農文協（2004）
農文協編『野菜園芸大百科　第2版　第7巻　ピーマン・生食用トウモロコシ・オクラ』農文協（2004）
農文協編『野菜園芸大百科　第2版　第2巻　トマト』農文協（2004）
農文協編『野菜園芸大百科　第2版　第1巻　キュウリ』農文協（2004）
農文協編『野菜園芸大百科　第2版　第5巻　スイカ・カボチャ』農文協（2004）
農文協編『野菜園芸大百科　第2版　第4巻　メロン』農文協（2004）
農文協編『野菜園芸大百科　第2版　第8巻　エンドウ・インゲン・ソラマメ・エダマメ・その他マメ』農文協（2004）
農文協編『野菜園芸大百科　第2版　第3巻　イチゴ』農文協（2004）
農文協編『野菜園芸大百科　第2版　第16巻　キャベツ・ハナヤサイ・ブロッコリー』農文協（2004）
農文協編『野菜園芸大百科　第2版　第15巻　ホウレンソウ・シュンギク・セルリー』農文協（2004）
農文協編『野菜園芸大百科　第2版　第17巻　ハクサイ・ツケナ類・チンゲンサイ・タアサイ』農文協（2004）
農文協編『野菜園芸大百科　第2版　第14巻　レタス・ミツバ・シソ・パセリ』農文協（2004）
農文協編『野菜園芸大百科　第2版　第18巻　ネギ・ニラ・ワケギ・リーキ・やぐら性ネギ』農文協（2004）
農文協編「今ひそかにネギがブーム」、『現代農業』2015年11月号、46～125ページ
吉田竜也「低温発芽で初めていいネギ苗ができた」、『現代農業』2017年4月号、70～75ページ
農文協編『野菜園芸大百科　第2版　第9巻　アスパラガス』農文協（2004）
農文協編『野菜園芸大百科　第2版　第10巻　ダイコン・カブ』農文協（2004）
農文協編『野菜園芸大百科　第2版　第11巻　ニンジン・ゴボウ・ショウガ』農文協（2004）
農文協編『野菜園芸大百科　第2版　第12巻　サツマイモ・ジャガイモ』農文協（2004）
農文協編『野菜園芸大百科　第2版　第13巻　サトイモ・ナガイモ・レンコン・ウド・フキ・ミョウガ』農文協（2004）
太田保夫『植物ホルモンを生かす』農文協（1987）
嶋田幸久、萱原正嗣『植物の体の中では何が起こっているのか』ベレ出版（2015）

根の数を増やす「低温発芽」

米安晟『写真図説　野菜作りの新視点―表情から知る苗作りのすべて―』東京農業大学（1984）
片山悦郎「冷たい水は、なぜよくないか？」、『現代農業』1998年1月号、210～217ページ

台風・豪雨後の硝酸過剰対策

木村和義『作物にとって雨とは何か』農文協（1987）

月・太陽と作物の生育の関係

宮原ひろ子『地球の変動はどこまで宇宙で解明できるか』化学同人（2014）

著者略歴

高橋　広樹（たかはし・ひろき）

1969年　神奈川県生まれ。
1996年　筑波大学大学院バイオシステム研究科修士課程修了。
㈱農業法人みずほ・生産研究部長として土壌分析、施肥設計、生体分析に取り組む。
土微研（土壌微生物管理技術研究所）技術員として片山悦郎氏の後を継ぎ、全国を巡回、生育診断を行なう。
浜口微生物研究所・アグリ技術アドバイザーとして生育診断と「OYK菌」を活用した減農薬栽培をアドバイス。
現在　㈱みずほアグリサポート・植物対話農法研究所代表。

【お問い合わせ先】
本文中に出てくる資材の詳細や使い方などはホームページより
お問い合わせください。
みずほアグリサポート　mizuhoagrisupport.co.jp

○×写真でわかる
おいしい野菜の生育と診断

2021年7月25日　第1刷発行
2021年12月15日　第3刷発行

著　者　高橋　広樹

発行所　一般社団法人　農山漁村文化協会
〒107-8668　東京都港区赤坂7丁目6－1
電話　03(3585)1142(営業)　03(3585)1147(編集)
FAX　03(3585)3668　振替　00120-3-144478
URL　https://www.ruralnet.or.jp/

ISBN978-4-540-20170-7　DTP製作／㈱農文協プロダクション
〈検印廃止〉　印刷・製本／凸版印刷㈱